DIE VERMESSUNG DER BERGE

Blandine Pluchet

DIE VERMESSUNG DER BERGE

Eine Wanderung
zur Entdeckung
der Weltgesetze

Aus dem Französischen von Reiner Pfleiderer

Illustrationen von Laëtitia Locteau

BERG WELTEN

FSC
www.fsc.org
MIX
Papier | Fördert
gute Waldnutzung
FSC® C084698

1. Auflage 2023

Medieninhaber, Verleger und Herausgeber:
Red Bull Media House GmbH
Oberst-Lepperdinger-Straße 11–15
5071 Wals bei Salzburg, Österreich

Umschlaggestaltung, Design und Satz:
www.b3K-design.de, Andrea Schneider & diceindustries
Gesetzt aus Palatino, GTStar Pro & Elan

Illustration Umschlag: Thomas Rouzière © Flammarion, Paris
Illustrationen Innenteil: Laëtitia Locteau © Flammarion, Paris
Übersichtskarte: Clara Delboé © Flammarion, Paris
Karte Buchmitte (S. 114 – 115): Heinrich C. Berann, Bruce C. Heezen, Marie Tharp, Manuscript painting of Heezen-Tharp »World ocean floor« map by Berann. Abdruck mit freundlicher Genehmigung von Fiona Schiano-Yacopino, Marie Tharp Maps, LLC © 1977 Marie Tharp and Bruce Heezen
Autorenillustration: © Claudia Meitert / carolineseidler.com

Printed by PNB Print, Lettland
ISBN: 978-3-7112-0044-0

Für meine Mutter, die die Berge liebt.

Die Berge
spiegeln sich im Auge
einer Libelle.
Kobayashi Issa

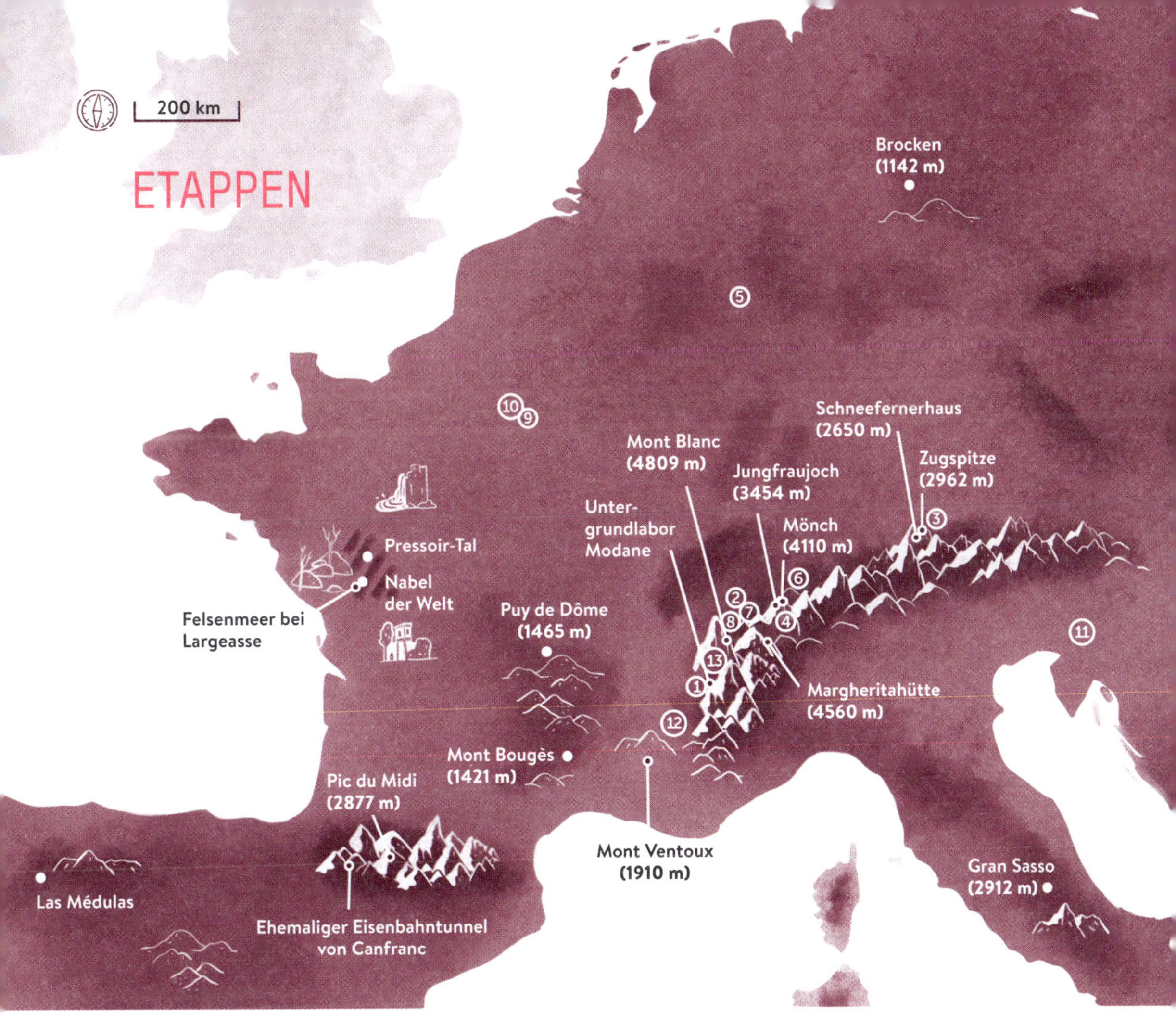

1. Fréjus-Tunnel
2. Strand von Émosson
3. Garmisch-Partenkirchen
4. Aletschgletscher
5. Laacher See
6. Eiger
7. Mer de Glace
8. Glacier d'Argentière
9. Tour Saint-Jacques
10. Eiffelturm
11. Höhle von Postojna
12. Plateau de Bure
13. Chamonix

Gâtine Poitevine

Hochgebirge

Mittelgebirge

INHALT

PROLOG

REFUGIEN EINER VERSCHWUNDENEN WELT

Nach dem Abschluss meines Physikstudiums war ich von den Möglichkeiten, die sich mir boten, wenig überzeugt. Ich wusste nicht, ob ich wirklich in der Forschung arbeiten wollte. Aber einer Sache war ich mir sicher: Mich interessierte eine Wissenschaft, die auf die Welt blickt, die den Wind, die Erde oder den Himmel betrachtet, eine Physik, die das Draußen erforscht.

Als ich mir verschiedene Universitäten und andere Institute in Deutschland – wo ich lebte und bleiben wollte – ansah, entdeckte ich den Ort, der meine Erwartungen zu erfüllen schien: das Institut für Meteorologie und Klimaforschung in Garmisch-Partenkirchen in den bayerischen Alpen. Ich war begeistert: Wenn ich die nächsten Jahre meines Lebens der wissenschaftlichen Forschung widmen sollte, dann dort, wo ich in der Nähe der Gipfel die Atmosphäre erkunden, mit den Wolken spielen, Höhenluft untersuchen und atmen konnte. Eine Physik, die grundlegend ist für das Verständnis des Planeten, seines Wetters und Klimas, Wissenschaft auf Tuchfühlung mit atemberaubender Schönheit, zwischen Bergwäldern und Seen, Felsen und Schnee.

Ich bewarb mich um eine Doktorandenstelle, sowohl wegen dieser Physik als auch wegen der Wildbäche und Steinböcke, der Greifvögel und der Blumen auf den Almwiesen. Monate vergingen, schließlich erhielt ich eine Absage. Eine Zeit lang war ich enttäuscht, dann fand ich mich damit ab. Wie es schien, sollte ich nicht nach den Wolken greifen und im Kontakt mit den Alpengipfeln leben. Da ich nur eine Bewerbung verschickt hatte, kein anderer Ort mich wirklich reizte und die Aussicht auf eine Promotion mich letztlich wohl gar nicht so begeisterte, ließ ich es dabei bewenden. Ich kehrte nach Frankreich zurück, wo ich, fernab von den Bergen, andere Träume verfolgte, die ich ernst nehmen wollte: Ich wollte Bücher schreiben.

Zwanzig Jahre sind seitdem vergangen. Am Ende bin ich nicht Wissenschaftlerin, sondern Schriftstellerin geworden. Die Physik blieb, sie lieferte den Stoff für meine Bücher. Ich schrieb über sie, wobei ich den

Blick, den sie auf die Dinge wirft, auf meine Art wiedergab. Die Welt aus der Sicht der Wissenschaft betrachten, die Kräfte beschreiben, die seit der Entstehung des Universums am Werk sind, die ehernen Gesetze vorstellen, die sie regieren: Das war die Leidenschaft, die mich antrieb. Horizonte erweitern, Blicke weiten, in den Augen anderer Funken entzünden, indem ich die Wunderwerke der Natur schilderte, das machte mir Freude.

Die Berge waren meinem Leben inzwischen sehr fern. Wenn ich dort, wo ich lebte, im Westen Frankreichs, zum Horizont blickte, konnte ich noch so sehr die Augen zusammenkneifen, die hohen Bergketten blieben unsichtbar. Doch unterschwellig übten sie weiter eine Faszination auf mich aus, und von Zeit zu Zeit kehrte ich zu ihnen zurück, um zu wandern und eine Verschnaufpause von meinem Erwachsenenleben einzulegen. So ging es jahrelang. Bis zu jenem Herbst, als bei einer Klettertour mit einer befreundeten Bergsteigerin in den bayerischen Alpen mit Übernachtung in der Höhe das Feuer erneut aufflammte und diesmal richtig.

* * *

Es war später Nachmittag, und wir stapften durch dichten Nebel. Wir wussten, dass die Hütte jeden Augenblick aus der Suppe auftauchen musste, und so beschleunigten wir unsere Schritte auf dem Pfad, der einem steinernen Sturzbach glich, einer Geröllhalde aus den Überbleibseln erodierter Gipfel.

Ich hatte die Berge nicht im Blut wie meine Freundin Sunnhild, die mit ihnen groß geworden war. Sie standen nur für ein paar Zwischenspiele in meinem Leben. Gleichwohl hatte mich jeder meiner Besuche im Hochgebirge begeistert.

Ich hob den Kopf. Gipfel erschienen wie spitze Inseln unter der bereits tief stehenden Sonne, die durch den Nebel brach. Letzterer schien zu zergehen, und nach ein paar weiteren Minuten glitt er unter unsere Füße: Wir wandelten über den Wolken, über einem schwebenden Meer, das friedlich um die benachbarten Gipfel wogte. Das Tal, aus dem wir kamen, war verschwunden. So beendeten wir den langen Aufstieg, als kämen wir aus dem Innern der Erde.

Beim Anblick der plötzlich aus dem Nebel auftauchenden Gipfel stürmten Bilder auf mich ein: Ich sah mich die Falten unseres Planeten erkunden. Ich stellte mir im Zeitraffer die Bewegungen der tektonischen Platten vor, wie sie gegeneinanderstießen, sich aneinander rieben, die Risse und Spalten und die unaufhaltsame Orogenese, die diese natürlichen Pyramiden errichtet hatte. Ich spürte die gewaltigen Kräfte, die das Gebirge erschaffen hatten. Ich sah auch die Erosion von Jahrmillionen, die Schluchten, Felsnadeln oder Steinwälder geformt hatte. Ich spürte bei jedem Schritt die Geschichte unseres Planeten, die sich in den unterschiedlichen Gesteinen verbarg, aus denen die Wege bestanden, ich bewunderte das Leben, das auf seine Art diesen Ort besiedelt hatte, indem es spielend die Hänge überwand, sich den mineralischen Verhältnissen anpasste, die obere Troposphäre grüßte und dem geringen Luftdruck trotzte. Es war, als ob die Stimmen dieser Gipfel mir ihre Geschichten erzählten.

Als die Sonne hinter den Bergen versank, tauchte, auf einem schmalen Felsplateau thronend, die Schutzhütte auf. Endlich am Ziel, stellten wir unsere Stiefel unter die dafür vorgesehenen Bänke am Eingang, legten unsere Schlafsäcke in die Schlafkammer und setzten uns dann im Aufenthaltsraum an den Tisch in der Nähe des Ofens. Die Kacheln waren noch warm. Von Zeit zu Zeit hörten wir den Wind pfeifen. Der Himmel hinter den kleinen Fensterscheiben war pechschwarz und verhieß eine herrliche Sternennacht.

Das Knistern des Feuers weckte Erinnerungen, und bald sprachen wir beim Essen über alte Zeiten. Es war sehr lange her, dass wir uns das letzte Mal gesehen hatten.

»Erinnerst du dich an die Doktorandenstelle in Garmisch?«, fragte Sunnhild mit einem Mal und hob ihre klaren Augen, die ihre slawische Herkunft verrieten. »Wenn sie dich genommen hätten, würdest du vielleicht noch hier in der Gegend leben, und wir würden öfter zusammen wandern gehen.«

Ich sah sie nachdenklich an. Die Erwähnung dieser Geschichte stieß bei mir auf eine seltsame Resonanz. Dort in der Berghütte, weit weg von meiner Familie, allein mit meiner Freundin aus längst verflossenen Zeiten, erwachte meine alte Forscherseele, und die zwanzig Jahre Leben, die seit damals vergangen waren, erschienen mir wie ein bloßes Intermezzo, beinahe unwirklich. Ich nahm wieder Kontakt zu der auf, die ich damals gewesen war, die so begierig darauf war, zu forschen und zu entdecken und die Welt, in der ich lebte, zu verstehen.

Die Bilder von der Entstehung der Gebirge, die am Nachmittag auf mich eingestürmt waren, und die Erinnerungen, die Sunnhild in mir wachgerufen hatte, ließen mir den restlichen Abend keine Ruhe mehr. In mir keimte wieder derselbe Wunsch von damals, als ich mich bei diesem Institut beworben hatte: Ich wollte viel mehr über die Berge erfahren. Und so fasste ich einen Entschluss: Ich musste diese Berge, die mir ihre Geschichte ins Ohr raunten, näher kennenlernen. Nicht mehr als Wanderin, sondern als Physikerin. Ich bereitete mich darauf vor, den wachen Blick, den zu verfeinern ich gelernt hatte, auf sie zu richten, zu einem ganz einfachen Zweck: um die Welt zu erkunden und ihre Gesetze zu entdecken.

Schließlich wurden die Berge und die Wissenschaftler, die täglich dort arbeiten, ein Jahr lang meine Führer. Nur: Was konnte ich lernen, was nicht schon in den Lehrbüchern stand? Tatsächlich hat sich eine ganze Welt vor mir aufgetan, von der ich nichts wusste, und ich habe inmitten der Berge ein Geheimnis entdeckt: Sie sind ein Refugium, in dem bis heute Überbleibsel einer untergegangenen Welt gedeihen.

*
* *

Tatsächlich sind die Berge, wenn ich es mir recht überlege, die letzten unberührten Inseln in unseren modernen Gesellschaften. Und diese Unberührtheit geht über die Biosphäre hinaus: Sie schließt die Mineralwelt und den Kosmos mit ein. Die Berge bieten unermesslich viele Geschichten, denn sie sind das Refugium der Welt in ihrer ursprünglichen Gestalt, von all den verschiedenen Lebensformen bis zu den fernen Sternen. Unbewohnbare Räume für den gewöhnlichen Sterblichen, sind sie teilweise noch von den vielfältigen, vom Menschen verursachten Verschmutzungen verschont geblieben. Die Täler und das Flachland sind längst denaturiert und von den menschlichen Gesellschaften geprägt. Nur die Berge haben bislang überdauert und sich ihre Naturschätze bewahrt. Durch ihre Geschichte verraten sie uns die Geheimnisse der Welt, in der wir leben, und dienen uns als Leitfaden dafür, wie wir sie schützen können.

Bei meinen Nachforschungen habe ich zudem gelernt, ihre Existenz im Zusammenhang mit einer Geschichte zu sehen, die viel länger ist als die wenigen Jahrzehnte, die ich auf der Erde zubringe, und geografisch einen viel größeren Raum einnimmt, als die Kammlinien erahnen lassen. Ich habe nämlich festgestellt, dass Berge auch dort sind, wo man sie am wenigsten erwartet: Sie verbergen sich in den scheinbar gewöhnlichen Landschaften unseres Alltags, in denen sich häufig Spuren verschwundener Gipfel entdecken lassen. Die Berge erheben sich, erodieren und verschwinden, um woanders von Neuem zu entstehen, und verändern so unablässig das Antlitz der Erde. Sie sind an den meisten Horizonten, früheren und heutigen, gegenwärtig, in den Gesteinen, der Vegetation und den menschlichen Kulturen.

Schließlich sind die Berge auch ein Fenster zum Kosmos: Von den Gipfeln aus erforschen Physiker Tag und Nacht den Himmel, beobachten die Phänomene der Atmosphäre, aber auch Botenteilchen aus den Tiefen des Weltalls – kosmische Strahlung, Licht oder Meteore –, von denen sie sich Antworten auf die großen Geheimnisse des Universums erhoffen.

Die wilde Flora und Fauna des Gebirges erzählen von der Welt der Lebewesen und die Gesteine in ihrem Innern von der Geschichte des Planeten, während die Gipfel mit der Atmosphäre und dem Weltall Zwiesprache halten: Noch ist die ursprüngliche Ordnung zu sehen. Doch ist diese Insel einer ersten Welt bedroht: Die Zivilisation hat sie eingeholt, und der Mensch, der sie einst fürchtete, bezwingt und erobert sie Stück für Stück.

Die unberührte Natur des Hochgebirges mit ihrer unvergleichlichen Vielfalt und Schönheit ist zugleich auch die fragilste, denn im Unterschied zu den Tälern und Ebenen hat sie nicht gelernt, sich den heutigen Gegebenheiten anzupassen. Sie verkümmert schneller als irgendwo sonst. Wenn sie sich anpasst, wird sie einen großen Teil von sich selbst verlieren und damit auch viele Geheimnisse der Welt. Mit ihrem Verlust wird eine unserer letzten Verbindungen zu den Ursprüngen gekappt.

Die Berge sind nicht nur ein Hort vieler Geheimnisse und Schauplatz zahlreicher Forschungen und Erkundungen, sie sind ebenso ein Feld der Wissenschaft wie der Spiritualität. Vielleicht sind sie bei den Physikern deshalb so beliebt, weil es dort so viele Phänomene zu beobachten gibt. Hervorgegangen aus dem Innern der Erde und dem Himmel so nahe, sind sie aufgrund ihrer Gestalt und ihrer Geschichte für die Gelehrten aller Zeiten eine unerschöpfliche Fundgrube des Wissens und der Erkenntnis. Die Berge haben eine turbulente Physik zu bieten, einen klaren Himmel und sogar Träume für den, der ihnen zuzuhören versteht. Ein wenig poetische Wissenschaft oder eine Poesie der Gipfel. Diese faszinierende Welt der Wissenschaft ist es, die ich einzufangen versucht habe.

TEIL 1

HÖHENFORSCHUNG

1/ DAS SCHNEE-FERNERHAUS

Charles Keeling, ein junger amerikanischer Wissenschaftler, baute während seiner Promotion das erste Gerät, mit dem sich die CO_2-Konzentration in der Atmosphäre effektiv messen ließ. 1958 installierte er es in einem Observatorium nahe dem Gipfel des Mauna Loa auf Hawaii in 3400 Meter Höhe.

In der sauberen Luft fernab der städtischen Zentren wurde eine wissenschaftliche Debatte entschieden: Reichert sich der untere Teil der Atmosphäre infolge der anthropogenen Emissionen mit Kohlendioxid an, oder besitzt der Planet die Fähigkeit, sich selbst zu regulieren und den Anteil des Treibhausgases konstant zu halten? Was folgte, wissen wir nur zu gut: Wie sich herausstellte, nahm der CO_2-Gehalt am Mauna Loa Jahr für Jahr etwas zu. Dieser unaufhaltsame Anstieg lieferte uns den ersten Hinweis auf die Klimaerwärmung. Somit resultiert eine der größten Umweltsorgen des 20. Jahrhunderts aus den Messungen in dieser Höhe.

Fernab von der Zivilisation fungieren die Berge oft als Frühwarnsystem für Umweltverschmutzung oder Klimaveränderungen. Sie locken Forscher an, die ihr Fachwissen in den Dienst der Umweltwissenschaften stellen. Der Deutsche Hannes Vogelmann ist einer von ihnen.

Als ich beschloss, mich als Physikerin näher mit den Bergen zu beschäftigen, erfuhr ich durch einen glücklichen Zufall – wie sie das Leben

manchmal für uns bereithält – in meinem Bekanntenkreis von Hannes. Und was noch besser war: Dieser Wissenschaftler arbeitete in ebenjenem Institut, bei dem ich mich damals nach dem Studium um eine Doktorandenstelle beworben hatte. Als ich ihn anschrieb, antwortete er umgehend: »Ich bin ebenfalls Physiker und untersuche die Physik der Atmosphäre auf einem Berggipfel mit Hilfe eines Laserstrahls weit oben in der Stratosphäre. Dieser Berg und Berge im Allgemeinen sind für mich viel mehr als nur ein Arbeitsplatz. Sie haben für mein Verständnis eine besondere Mystik. Durch ihre Größe, die extremen Bedingungen, die auf ihnen herrschen, und ihre lange Entstehungszeit bringen sie uns die Vergänglichkeit und Verletzlichkeit des Lebens zu Bewusstsein.«

Ich hatte sofort das Gefühl, dass dieser Mann von einer ähnlichen Aufgabe beseelt war wie ich, und so fuhr ich bei der nächstbesten Gelegenheit zu ihm.

Das erste Mal treffe ich ihn vor seinem hohen und imposanten Holzhaus in der Nähe von Garmisch-Partenkirchen. Mit seiner frisch renovierten, nach Bergwald riechenden Fassade ist es ein Abbild der Landschaft, die es umgibt. Hannes wohnt in einem Dorf am Fuß von Felsriesen in einem tiefen, breiten Tal. Beim Anblick der steilen Hänge, die die Häuser überragen, wird mir leicht schwindelig. Kein Vergleich zu den Hügeln meiner Heimat!

Der Mann ist um die fünfzig und von einer Aura aus Sonne, Schnee und frischer Luft umgeben. Er hat helles Haar, einen wettergebräunten Teint und steht aufrecht wie ein Fels. Er empfängt mich mit einem breiten Lächeln, und wir setzen uns auf die Terrasse in die Sonne. Auf dem Berghang gegenüber legt die Schneeschmelze die vertikalen Sedimentschichten frei, dieselben, die sich einst schuppenartig erhoben und den Berg geformt haben. Während ich mich in den Anblick versenke, erzählt mir Hannes von seinem beruflichen Werdegang und seiner Arbeit.

Er ist am Fuß der Alpen aufgewachsen. Seine Kindheit war von den Aufenthalten in einer Berghütte geprägt, in der die Familie die

Wochenenden und die Ferien verbrachte. Es waren in erster Linie der Sternenhimmel und eine Faszination für das Verhalten von Wasser in seinen verschiedenen Aggregatzuständen, aber auch eine Begeisterung für Technik und Experimentierfreudigkeit, die ihn dazu bewogen, Physik zu studieren. Dann entdeckte er die unglaubliche Vielfalt des Lebens im Gebirge – wie auch seine Fragilität, insbesondere seine hohe Empfindlichkeit gegenüber dem Klimawandel.

Zur Atmosphärenforschung kam er eher zufällig, als er die Chance erhielt, am Institut für Meteorologie und Klimaforschung in Garmisch-Partenkirchen eine Doktorarbeit zu schreiben. Man schlug ihm vor, einen Laser zu entwickeln, der auf der Zugspitze – mit 2962 Metern Deutschlands höchster Berg – in Betrieb genommen werden sollte. Zu welchem Zweck? Um die Troposphäre, die durchschnittlich bis in zwölf Kilometer Höhe reicht, und die darüber liegende Stratosphäre zu erforschen. Dieses Projekt ermöglichte ihm, sich einen Traum zu erfüllen und seine Leidenschaft für die Berge mit seiner Arbeit zu verbinden und durch Klimaforschung zum Schutz der Ökosysteme beizutragen.

Mittlerweile arbeitet Hannes Vogelmann seit bald zwanzig Jahren in dem Institut. »Wir hätten Kollegen werden können«, bemerkt er, als ich ihm von meiner abgelehnten Bewerbung erzähle.

Sein Leben ist gegenwärtig geteilt zwischen Berg und Tal: Er pendelt zwischen dem Forschungsinstitut unten und der Forschungsstation in der Höhe. Jeden Tag und fast in seiner gesamten Freizeit unternimmt er Ausflüge in die Berge. Nicht selten nutzt er Mittagspausen und Abende im Winter zum Skifahren und im Sommer zum Wandern. Die Gipfel, auf die seine Fenster blicken, sind für ihn eine ständige Herausforderung.

* * *

Am Tag nach meiner Ankunft treffe ich mich mit Hannes an der Seilbahnstation. Vom Berg ist nichts zu sehen, dichter Morgennebel hüllt ihn ein. Zusammen mit uns warten mehrere andere Personen, größtenteils Angehörige des oben beschäftigten Stammpersonals der Umweltforschungsstation. Der Arbeitsplatz des Physikers befindet sich im sogenannten Schneefernerhaus in über 2600 Meter Höhe. Die Seilbahn kommt, und wir steigen in die große Kabine, die bis zu 120 Personen fasst.

Nur der Name, der in großen Lettern an den Wänden der Station prangt, gibt Auskunft über unser Ziel: Zugspitze. Dann schließen sich die Türen, die Gondel setzt sich in Bewegung und taucht in den Nebel ein. Jetzt sind weder das Tal noch der Gipfel zu sehen, und wir schweben, an einem Drahtseil ohne Anfang und Ende hängend, in einer unfassbar grauen Wolke. Nach gut zehn Minuten, in denen sich das Höhengefühl unter uns breit macht, tauchen Felswände auf, mit Raureifstacheln an den vertikalen Abschnitten und Schnee auf den ebenen Flächen.

Dann sind wir auf dem höchsten Gipfel der deutschen Alpen. Lässt man die schneidende Kälte und die frische Luft außer Acht, gibt es jedoch nichts zu sehen, was das bestätigen könnte. Der Weg zur Forschungsstation ist eine wahre Expedition. Wir steigen in eine zweite Gondel um, mit der wir wieder ein Stück nach unten fahren, und ein paar Minuten später in eine dritte, die kleiner ist als ihre Vorgängerinnen und uns wieder nach oben befördert. Auf dieser letzten Etappe taucht das erwähnte Schneefernerhaus auf.

Der Nebel ist undurchdringlich, und als wir in dem Gebäude aussteigen, habe ich es überhaupt nicht von außen gesehen, nicht mal auf einem Foto. Der Zugang erfolgt über eine große, leere Halle mit einer Rezeption in der Ecke, und ich muss unwillkürlich an das Grand Budapest Hotel des Filmemachers Wes Anderson denken, jenes abgelegene alte Hotel in den Bergen, in dem praktisch niemand mehr absteigt, dessen bewegte Geschichte aber über die offenkundige Leere hinwegtäuscht.

Die Leute vom Stammpersonal streben zu ihren Arbeitsplätzen, und der Rest von uns, der zum ersten Mal hier ist, wird von einer Mitarbeiterin in Empfang genommen, die uns mit den Sicherheitsvorkehrungen vertraut macht: Leuchtanzeigen, die auf Lawinengefahr hinweisen, eine Anwesenheitsliste, in die man sich jeden Tag eintragen muss, Zufluchtsorte im Brandfall, eine unterirdische Evakuierungsschleuse usw. Ohne das Gebäude überhaupt gesehen zu haben, bekomme ich eine Vorstellung von seiner abgeschiedenen Lage. Wir hocken hier auf einem uneinnehmbaren Felsen, den Launen von Schnee und Wetter ausgesetzt.

»Auf der Zugspitze herrschen ähnliche klimatische Verhältnisse wie in der Arktis«, erklärt mir Hannes. »Hier ist das ganze Jahr über Winter, mit jährlichen Durchschnittstemperaturen weit unter 0 °C.«

Ich folge dem Physiker durch ein Labyrinth von Gängen, Stollen, die in den Fels gehauen wurden, Aufzügen und breiten Treppen. Wir gelangen in einen Turm, der das Gebäude überragt. An der Tür, durch die wir oben müssen, wird diesmal nicht vor Lawinen gewarnt, sondern vor einem mächtigen Laser.

In dem Labor, das in einem großen runden Raum eingerichtet ist, reihen sich wissenschaftliche Poster zu den Experimenten hinter Arbeitstischen, die mit optischen Geräten vollgestellt sind. Die Fülle an wissenschaftlichem Equipment verrät das ausgeprägte Faible des Physikers für Technik, zeugt aber auch von den vielen Ideen und Tricks, die er seit zwei Jahrzehnten ausgeknobelt hat, um die Atmosphäre und ihr Klima zu erforschen.

Die Laser hier sind extrem leistungsstark und auch sehr empfindlich: Das Signal kann allein aufgrund der Schwingungen des Gebäudes oder der Wärme, die anwesende Personen ausstrahlen, instabil werden. »Aus diesem Grund liegt mein Labor abgesondert im höchsten Turm des Gebäudes«, erklärt Hannes. »Hier ist es am stabilsten.«

Mit Hilfe des Lasers kann der Wissenschaftler die Moleküle in der Atmosphäre erforschen. Sein Strahl nimmt einen labyrinthartigen Weg durch eine Röhre, die durch den Raum nach oben führt und die Decke durchstößt. Von dort dringt der Laserstrahl nach draußen und erreicht eine Höhe von mehreren Dutzend Kilometern. Wenn er auf atmosphärische Partikel wie Wassermoleküle oder Aerosole trifft, wird sein Licht gestreut. Ein Teil des gestreuten Lichts wird zum Boden zurückgeworfen, wo es von dem Teleskop, das sich am Fuß der Röhre befindet, aufgefangen und elektronisch erfasst wird, um später analysiert zu werden.

»Hier, auf der Zugspitze, sind wir schon weit oben in der Atmosphäre und deshalb ziemlich nah an dem dran, was wir messen wollen. Wir haben übrigens eines der größten Teleskope der Welt, das mit einem Laser kombiniert ist.«

Ich frage ihn, wie der Laser durch das Dach dringt, und um es mir zu zeigen, schlägt er einen Abstecher auf die Terrasse vor. Er ergreift eine Schaufel, und wir erklimmen eine weitere Treppe. Zu meiner Überraschung führt die Tür am oberen Ende mitten ins Gebirge: Die Luft ist schneidend kalt und jetzt auch klar, die Sonne dringt durch den Nebel und spiegelt sich in zwei Kuppeln. Wir blicken direkt auf die verschneiten Gipfel, und es sind so viele, dass ich das Gefühl habe, auf dem Dach der Welt zu stehen.

Draußen liegt der Schnee gut einen Meter hoch, und Hannes schippt uns einen Weg frei.

»Wenn es Nacht wird, öffne ich eine der Kuppeln und nehme den Laser in Betrieb. Freilich nur, wenn das Wetter es zulässt.«

»Es sieht doch ganz gut aus«, sage ich optimistisch, während sich immer mehr Gipfel zwischen den Nebelschwaden zeigen.

Ich brenne darauf, heute Nacht hier zu bleiben. Es gibt Wesen aus Stein, die einen schnell für sich einnehmen und bei denen man unbedingt die Nacht verbringen möchte. Dem nächtlichen Erleben offenbaren sich Geheimnisse, die am Tag verborgen bleiben. Während ich meinen Gedanken nachhänge, donnert plötzlich Schnee einen benachbarten Hang herunter. Es ist eine Lawine, bloß um mich daran zu erinnern, wo ich bin.

* * *

Till stößt auf der Terrasse zu uns. Er gehört zum Stammpersonal und schlägt mir, fasziniert von der Geschichte des Orts, einen Rundgang durchs Haus vor.

»Der Turm ist sehr stabil«, erklärt er mir. »Von hier aus ist die alte Seilbahn gestartet, die das Schneefernerhaus mit dem Zugspitzgipfel verbunden hat, als das Gebäude noch ein Hotel war.«

Ein Hotel! Hannes hat mir davon erzählt, aber manche Informationen nehmen wir erst richtig auf, wenn wir die Sache selbst erleben. Zu Beginn des 20. Jahrhunderts, 150 Jahre nach den Anfängen des Alpinismus, der den Kühnsten den Weg ins Hochgebirge geebnet hat, macht der Bau der ersten Seil- und Zahnradbahnen die Gipfel auch der breiten Öffentlichkeit zugänglich. Es entsteht ein regelrechter Hype um die Berge: Man erfindet den Wintersport, schafft Skigebiete und baut Hotels in höheren Lagen.

Das Schneefernerhaus wird 1930 fertiggestellt, und eine Zahnradbahn führt mitten durch den Berg zu dem Ferienquartier, das aus dem Tal mit Wasser und Strom versorgt wird. 1990 wird das Hotel geschlossen, und zwei Jahre später, als der Gipfel von Rio vor der Klimaerwärmung warnt, beschließt das Umweltministerium des Freistaats Bayern, in dem Gebäude eine Klimaforschungsstation einzurichten.

»Heute ist das Schneefernerhaus eine Art Forschungsschiff hoch oben im Gebirge«, schwärmt Till und sieht mich durch seine runden Brillengläser an. »Das Gebäude wurde all denen zur Verfügung gestellt, die Untersuchungen im Zusammenhang mit dem Klima durchführen möchten. Am besten, wir sehen es uns an.«

Ich folge ihm durch das Gebirgsschiff. Es ist riesig. Wieder geht es durch ein Labyrinth aus Gängen und Treppen, bis wir in einen großen Raum gelangen, dessen Fenster auf eine Terrasse hinausgehen, die mit Messinstrumenten übersät ist. Keines gleicht dem anderen.

»Hier werden alle möglichen Forschungen durchgeführt, von verschiedenen Instituten und Unternehmen«, erklärt mir Till. »Die einen haben ganze Labors gemietet, andere nur ein paar Quadratmeter Büro- oder Terrassenfläche, um dort ein Messinstrument aufzustellen. Manche kommen zweimal in der Woche und übernachten hier, andere tauchen nur einmal im Jahr auf.«

Man erkundet hier ebenso das Innere der Berge wie die Atmosphäre und das Universum. Die Instrumente auf der Terrasse untersuchen Aerosole, Wolken, kosmische Strahlung, Wasserdampf, die Luft und ihre Bestandteile, aber auch die im Regenwasser enthaltenen Schadstoffe und vieles mehr.

»Was war in diesem Raum zu Hotelzeiten?«

»Hier war der Speiseraum. Auf der Terrasse standen Tische, die einen Rundblick auf die Alpen boten.«

Eine Vielzahl von Instrumenten hat die Touristen ersetzt. Wenn die Geräte da draußen auch nicht frühstücken, so schlucken sie doch jede Menge Sauerstoff. Jeder Quadratzentimeter des Platzes, der früher gut betuchten Gästen vorbehalten war, dient heute der Erforschung unseres Planeten.

Als Mitglied des Stammpersonals ist Till für die Wartung des Gebäudes und das Monitoring der Experimente zuständig. Genauer gesagt, koordiniert er die Durchführung der wissenschaftlichen Projekte und überwacht sie. Insbesondere prüft er, ob sie miteinander kompatibel sind, wie zum Beispiel, ob eines der Instrumente ein Gas absondert, das die Messungen der anderen verfälschen würde. Im Schneefernerhaus verwendet man übrigens kleine elektrische Schneefräsen, um die Terrassen zu räumen, und Kühlschränke, die mit reinem Propan betrieben werden. Diese Geräte produzieren keine Emissionen, die Messungen beeinträchtigen könnten.

Wie für Hannes war auch für Till die Umgebung ein entscheidender Faktor bei der Wahl seines Arbeitsplatzes.

»Die Leute, die hier hochkommen, lieben die Natur. Sie wollen sie experimentell erforschen und nicht nur rein theoretisch vom Schreibtisch aus. Das Schneefernerhaus bietet ihnen einen Rahmen, der ihren Anliegen entgegenkommt: Hier forscht man unmittelbar an der Natur.«

Ich nicke. Ich liebe diese Art von Wissenschaft, die die Realität nicht aus den Augen verliert, sich der Natur verbunden fühlt und mit Hilfe von Experimenten nach universellen Wahrheiten sucht. Ich werde mich noch davon überzeugen können, dass jeder Wissenschaftler, der hier arbeitet, die Berge im Blut hat: Man erforscht sie mit dem Kopf und erkundet sie mit den Muskeln. Die Gespräche in der Seilbahn oder in der Mittagspause drehen sich hauptsächlich ums Skifahren. Und einige in den Fels gehauene Gänge des Hotels sind sogar Kletterparcours geworden.

* * *

Selbst wenn man nur einen Tag hier oben verbringt, vergehen die Stunden nicht wie sonst. Man wird sich des Laufs der Sonne bewusst, ohne zu merken, wie sie verstreichen. Dann ist der Abend da, der Himmel klar und der Nebel vergessen. Hannes nimmt seinen Laser in Betrieb, um die Aerosole in der Atmosphäre zu messen, und ich werde hier übernachten. Ich bin begeistert!

Auf der Terrasse in 2650 Meter Höhe geben sich die Sterne, der Mond, die Berge und die wenigen Wissenschaftler, die heute im Schneefernerhaus bleiben, ein Stelldichein. Mögen die Messungen in dieser Nacht auch nicht die besten sein und eher der Show dienen, so hält der Laser doch, was er verspricht. Durch die geöffnete Kuppel schießt er in den Himmel: Ich bewundere die intensiv grün leuchtenden Säulen, die schnurgerade in die Atmosphäre steigen, den Sternen entgegen.

Der Physiker beobachtet das Geschehen am Himmel aus der Entfernung. Es ist eine kalte und ruhige Nacht, und die Stimmen der Anwesenden werden durch den grenzenlosen Raum gedämpft. Da oben wirft keine Wand ein Echo zurück. Der Stern Sirius versinkt bald hinter dem Schatten eines nahen Gipfels, und jemand fragt sich, ob der Laser gleich erlöschen wird wie Luke Skywalkers Lichtschwert in *Krieg der Sterne.* Dann herrscht zwischen den Gipfeln, den Wissenschaftlern und den Sternen eine Art feierliche Stille.

2/ DAS GEBIRGE ALS WETTERMACHER

Nach der mit Sicherheit stillsten Nacht meines Lebens bin ich kurz vor Sonnenaufgang wieder mit Hannes oben auf der Turmterrasse. Die Kuppel, aus der er Laserpulse in den Himmel geschickt hat, ist wieder geschlossen. Es ist klirrend kalt, und trotz dickem Anorak, Handschuhen und Mütze zittere ich. Ein leichter Wind belebt das Spiel der Schatten im Schnee, die blau und rosig schimmern wie der Himmel. Die Sicht ist hervorragend. Nicht eine Nebelschwade. Ein paar Schneehaufen auf der weiten weißen Fläche unterhalb des Schneefernhauses sehen aus wie Wolken. Hannes deutet auf die Skispuren, die Till auf dem Hang gegenüber hinterlassen hat. Eckige Zickzacklinien beim Aufstieg, runde Bögen bei der Abfahrt. Eine Skitour am frühen Morgen nach einer Nacht in den Bergen.

»Die Lichtkontraste sind in der Höhe viel stärker als im Tal«, bemerkt der Wissenschaftler. »Die Luft ist im Hochgebirge so klar, dass die Dreidimensionalität der Landschaft so deutlich hervortritt wie nirgendwo sonst. Hier oben sieht man diese Tiefe des Raums, die man mit Sicherheit nur im Gebirge beobachten kann, dank der großen Entfernungen und der sauberen Luft, die frei ist von Feuchtigkeit und Staub. Hier bekommt man einen anderen Blick auf die Welt, man fühlt sich so klein, weil alles so groß ist. Das ist faszinierend.«

Nachdenklich betrachte ich die zahllosen Bergketten. Es stimmt, sie heben sich auf besondere Weise voneinander ab. Als sehe man die Dinge erst richtig, wenn der Smog der unteren Atmosphäre verschwunden ist. Den Blick auf die Gipfel gerichtet, bemerke ich, dass es hier oben nur Stille, Schnee, Felsen, Licht und den Himmel gibt. Diese Riesenhaftigkeit und diese Einfachheit werfen einen auf sich selbst zurück: Die Gesellschaft der Berge beruhigt. Bald taucht die Sonne hinter den Felsen auf. Sofort erfüllt eine sanfte Wärme die Luft, und auf den gezackten Gipfeln beginnt das Spiel von Licht und Schatten. Es ist schön, hier zu sein.

Hannes, der ein paar Meter in den Steilhang hinter dem Turm mit den Kuppeln gestiegen war, um Fotos zu machen, gesellt sich wieder zu mir. »Nicht nur die Lichtkontraste bieten ein faszinierendes Schauspiel«, sagt er. »Die Berge unterliegen einer Vielzahl weiterer einzigartiger atmosphärischer Phänomene.«

Wie wahr! In den vierundzwanzig Stunden, die ich nun im Schneefernerhaus bin, habe ich nicht nur die unglaublich gute Sicht in dieser Höhe und die unvergleichlichen Kontraste bewundert, ich habe auch dichten Nebel gesehen, einen klaren Himmel, riesige Kumulonimbus-Wolken und Schneefall. Das Wetter im Hochgebirge ändert sich sehr schnell. Es scheint hier anderen Gesetzen zu gehorchen als im Flachland.

Was ist das für ein merkwürdiges Phänomen, das dafür sorgt, dass hier alles so unberechenbar und einzigartig ist? Es hat damit zu tun, dass die Berge zu den Luftmassen, die das Wetter bestimmen, in einer besonderen Beziehung stehen. Dabei sind einige einfache physikalische Gesetze mit im Spiel. Um das zu verstehen, muss man sich die globale Zirkulation in der Atmosphäre genauer ansehen: Die Mehrzahl der Wetterphänomene spielt sich in der Troposphäre ab, die in mittleren Breiten von der Erdoberfläche bis in ungefähr zehn Kilometer Höhe reicht und fast das gesamte in der Atmosphäre befindliche Wasser enthält, und zwar in festem, flüssigem oder gasförmigem Zustand. Nun wird die Erdoberfläche aber nicht überall gleich von der Sonne beschienen: Zum einen bekommen die Pole weniger Wärme ab als die Gebiete am Äquator, zum anderen variiert die Sonneneinstrahlung selbst in ein und derselben Zone je nach Jahreszeit. Die Luftmassen rund um den Globus haben daher nicht alle ähnliche Temperaturen.

Zudem besitzt warme Luft eine geringere Dichte als kalte. Sie steigt nach oben, während die kalte Luft absinkt. Außerdem erwärmen sich Gase, wenn sie komprimiert werden, umgekehrt kühlen sie ab, wenn sie sich ausdehnen (wenn der Druck, dem sie ausgesetzt sind, abnimmt). Da der Druck in der Atmosphäre mit zunehmender Höhe abnimmt, weil das Gewicht der noch weiter oben befindlichen Luft immer kleiner wird, kühlt eine aufsteigende Luftmasse durch die damit verbundene Ausdehnung ab.

Berücksichtig man zudem die Auswirkungen der Corioliskraft, jener durch die Erdrotation hervorgerufenen Kraft, die dazu neigt, Luftmassen im großen Stil abzulenken (auf der Nordhalbkugel im Uhrzeigersinn, auf der Südhalbkugel gegen den Uhrzeigersinn), so versteht man, warum sich gigantische Luftströme über die Erdoberfläche bewegen, Winde, die Hoch- und Tiefdruckgebiete erzeugen.

Hannes erklärt mir, dass die Gebirgsketten zu einer Art Rampe werden für die Luftmassen, die auf sie treffen. Die Luft gleitet die Hänge hinauf, und zwar schneller, als wenn die Berge gar nicht da wären. Mit zunehmender Höhe kühlt sie sich ab, aber nicht, weil es in der Höhe kälter ist, sondern weil sie sich auf dem Weg nach oben aufgrund des geringeren Drucks ausdehnt. Da kalte Luft nicht so viel Wasserdampf aufnehmen kann wie warme, kondensiert schließlich der Wasserdampf, den die Luftmassen transportieren: Wolken bilden sich, es schneit oder regnet. Dabei setzt die Kondensation latente Wärme frei, die der Abkühlung entgegenwirkt.

Dann, wenn die Luftmassen auf der anderen Seite der Berge absinken, erwärmen sie sich wieder durch den umgekehrten Effekt, das heißt durch Kompression. Da sie jetzt aber viel weniger Feuchtigkeit enthalten, wird kaum latente Wärme durch Verdunstung gebunden, und die Luft erwärmt sich dadurch stärker, als sie sich beim Aufsteigen abgekühlt hat. Es entsteht ein warmer und zugleich trockener Fallwind, den wir Föhn nennen. Kurz gesagt, die Berge bilden eine Barriere, die in der Lage ist, den Luftmassen Feuchtigkeit zu entziehen.

Dem Föhn-Effekt begegnet man in allen Gebirgen. In den Alpen weht dieser warme, trockene Wind von Süden nach Norden und steht im Ruf, die Menschen reizbar zu machen, ja sogar verrückt werden zu lassen. Zahlreiche Anekdoten berichten von Wahnsinnsanfällen unter der Bevölkerung, die dem Föhn ausgesetzt ist.

Tatsächlich ist die Austrocknung der Luftmassen nicht die einzige Folge ihres Auftreffens auf das Gebirge. Generell gilt: Wenn Luft über ein Hindernis (Haus, Hügel usw.) strömt, entstehen dahinter kräftige Wirbel. Streicht Wind über Bergkämme, sind solche Turbulenzen sehr häufig. Dann sorgt der Temperaturunterschied zwischen den hohen Berghängen und den Tälern je nach Tageszeit für bestimmte Auf- oder Abwinde.

Kurzum, Gebirge bewegen die Luftmassen. Und wenn bestimmte dort wehende Winde bisweilen auch um den Verstand bringen mögen, so bietet die wunderbare Bergwelt doch nach wie vor die Möglichkeit, außergewöhnliche Wetterphänomene zu beobachten. Deren Entstehung wird von ihren jeweiligen Winden befördert, und ihre erstaunlichen Formen begeistern die Träumer: Da oben kann man insbesondere Wolken beobachten, die nirgendwo sonst zu sehen sind. Und so wie es Kristall-, Kräuter- und Muschelsammler gibt, so gibt es auch Wolkenjäger, die auf der Suche nach den seltensten Exemplaren sind.

»Man kann hier oben fantastische Wolken sehen«, erzählt mir dann auch Hannes.

»Auch die berühmte Lentikularis, nicht wahr?«, sage ich verträumt.

Er nickt.

»Hast du schon mal eine gesehen?«, frage ich ihn.

Hannes antwortet nicht sofort, beinahe, als hüte er ein Geheimnis.

* * *

In der Nacht blicke ich gern zu den fernen Sternen im All. Doch am Tag sind es die wunderlichen Schöpfungen der Luftmassen in der Atmosphäre, die mich begeistern. Und ich muss gestehen, dass ich während meines kurzen Aufenthalts im Schneefernerhaus die Hoffnung hegte, eine Lentikulariswolke zu sehen. Doch an diesem Vormittag verdunkelte keine den Himmel.

Wolken sind Wettermacher. So flüchtig sie auch sind, leisten sie uns doch in jedem Augenblick unseres Lebens Gesellschaft und prägen unseren Alltag. Als Spiegelbilder der Befindlichkeit der Atmosphäre, aber auch unserer eigenen, waren sie bis vor nicht allzu langer Zeit die einzige Informationsquelle, um das Wetter der kommenden Stunden und Tage vorherzusagen. Gleichzeitig sind sie Erscheinungsformen der atmosphärischen Prozesse, auf die man von den Bergen aus einen einzigartigen Blick hat.

Der Mensch beobachtet die Wolken zwar schon immer, doch erst im frühen 19. Jahrhundert hat er sie mit Namen versehen und klassifiziert, wie er es mit Pflanzen und Tieren bereits seit der Antike tut. Die erste Klassifikation hat der Brite Luke Howard (1772-1864), Chemiker und Amateurmeteorologe, vorgenommen. Er hat festgestellt, dass sich hinter ihrer scheinbaren Unterschiedlichkeit drei Grundformen verbergen: Zirruswolken (lat. *cirrus* für »Haarlocke«) sind dünn und faserig, Kumuluswolken (lat. *cumulus* für »Haufen«) sind dicht und klar umrissen, und Stratuswolken (lat. *stratus* für »ausgedehnt, geebnet«) sind konturlos und breiten sich schichtartig aus.

Luke Howard untersuchte ihre Bewegungen und ständigen Veränderungen. Ihm zufolge resultieren die verschiedenen Wolken entweder aus einer Modifikation der drei Grundformen oder einem Übergang von einer zu anderen: Eine Zirruswolke, die große Flächen bedeckt, wird zum Beispiel Zirrostratus genannt, und eine Kumuluswolke, die zur Ausdehnung neigt, Stratokumulus.

Seine 1803 veröffentlichte Klassifikation erntete großen Beifall. Es ist kein Zufall, dass die Wolken in Anlehnung an Linnés knapp 100 Jahre zuvor publizierte Taxonomie der Lebewesen lateinische Namen tragen und in Familien, Gattungen, Arten usw. unterteilt sind.

Der erste *Internationale Wolkenatlas* wurde 1896 von der Internationalen Meteorologischen Organisation gedruckt. Darin werden Wolken nach der Höhe ihrer Untergrenze in drei Familien eingeteilt: niedrige, mittelhohe und hohe. Zehn Gattungen, die auf Howards drei Grundformen basieren, beschreiben ihre allgemeine Form: Zirrus, Zirrostratus, Zirrokumulus, Altostratus, Altokumulus, Stratus, Stratokumulus, Kumulus, Nimbostratus und Kumulonimbus. Das Präfix »Alto« bezieht sich auf Wolken der mittleren Ebene, und »Nimbus« auf Regenwolken. Die Artbezeichnung gibt nähere Auskunft über ihre Form und ihren inneren Aufbau, und mit der Unterart wird die Anordnung ihrer verschiedenen Elemente oder ihre Durchlässigkeit für Sonnen- oder Mondlicht bezeichnet. Sonderformen und Anhängsel komplettieren die Klassifikation. In die letzte Ausgabe des *Internationalen Wolkenatlasses* von 2017 wurden neue Formen aufgenommen, von denen eine schöner als die andere ist, wie etwa die Asperitaswolke, die, vom Boden aus betrachtet, an ein aufgewühltes Meer erinnert.

Gleichwohl ist die Klassifikation heute umstritten: Sie lässt nämlich die Physik der Wolken, die zu Howards Zeiten unbekannt war, unberücksichtigt und stützt sich ausschließlich auf das Erscheinungsbild. Einige Fachleute, vor allem von der NASA, haben daher eine eigene Klassifizierung vorgeschlagen. Wissenschaft ist eine nie endende Debatte.

Dank der Physik können wir heute tatsächlich erklären, wie Wolken entstehen. Der wichtigste Parameter ist die Wasserdampfmenge, die eine Luftmasse enthalten kann: Wenn sich Feuchtigkeit darin ansammelt, wird irgendwann die Obergrenze überschritten, und der

Dampf kondensiert zu Tröpfchen. Diese Grenze kann auch infolge eines Temperaturabfalls erreicht werden, denn je kälter eine Luftmasse ist, desto weniger Feuchtigkeit kann sie aufnehmen, sodass sie ebenfalls kondensiert. Dieses Phänomen ist beispielsweise für die Bildung von Tau verantwortlich, wenn die Temperatur einer feuchten Luftmasse nachts in Bodennähe sinkt. Geschieht dies in der Atmosphäre, bilden die Tröpfchen in der Luft Wolken.

Darüber hinaus enthält Luft winzige Staubpartikel, die Aerosole. Dabei handelt es sich vorwiegend um Salzkristalle, aber auch um Vulkanasche, Pollen oder Rückstände aus menschlichen Aktivitäten. Aerosole ziehen Wasser an und verhindern, dass die kondensierten Tropfen wieder verdampfen. Dank ihnen werden die Tropfen immer größer und stabilisieren sich. Sie bilden die Wolkenkondensationskerne.

Eine Wolke ist also eine riesige Ansammlung von Tröpfchen oder, in den kälteren Regionen der Atmosphäre, von Eiskristallen. Dass sie sichtbar ist, verdankt sie dem Sonnenlicht, das sie durchdringt und von den Tröpfchen in alle Richtungen gestreut wird. Wolken verändern sich unablässig. Sie wachsen in die Höhe, indem sie bauschige Formen ausbilden, die an Blumenkohlköpfe erinnern – wie die Kumuluswolken, die durch Konvektion entstehen –, flachen ab oder dehnen sich sogar nach unten aus wie die schleierförmigen Zirruswolken, deren Kristalle, die für ihre faserige Struktur verantwortlich sind, langsam absinken. Ihre Lebensdauer variiert, und manche existieren kaum ein paar Minuten. Wolken verschwinden schließlich, wenn sie sich abregnen oder wenn die sie umgebende Luft nicht mit Feuchtigkeit gesättigt und somit wieder in der Lage ist, Wasserdampf aufzunehmen.

* * *

Lentikulariswolken sind flach, mehr oder weniger elliptisch und ortsfest, aber ihre Gestalt und Größe ändern sich ständig und erinnern so manchen an fliegende Untertassen. Manchmal legen sich mehrere übereinander, sodass sie aussehen wie gestapelte Teller. Diese Wolke mag ich besonders. Selten und dort, wo ich lebe, überhaupt nie zu sehen, bringt sie mich zum Träumen.

»Ja, selbstverständlich habe ich schon eine gesehen«, antwortet mir Hannes nach einer Pause. »Im Gebirge ist sie oft zu beobachten. Sie bildet sich in einer stabil strömenden Atmosphäre, wenn eine feuchte Luftmasse, die über eine Gebirgszone zieht, dabei eine stehende, also ortsfeste Wellenbewegung ausführt. Erreicht die Luftmasse auf der Höhe eines Wellenkamms den Taupunkt (an dem die Umgebungsfeuchtigkeit zu Wassertropfen kondensiert), kann sich genau dort eine Lentikulariswolke bilden. Diese Wolke ist auch bei starkem Wind ortsfest, wie die Wellenbewegung, die sie hervorbringt, während andere Wolken sich mit dem Wind fortbewegen: Sie scheint mitten in der Strömung stillzustehen wie ein Fels in einem Wildbach. Doch in Wahrheit erneuert sie sich ständig auf der Luvseite und vergeht auf der anderen.«

Wir bewundern bei Sonnenaufgang von der Terrasse aus die Berge und sprechen über Wolken. Die Lentikularis ist nicht das einzige Himmelsjuwel, das die Berge zu bieten haben. Andere Wolken hängen wie Fahnen auf der Leeseite einzelner Gipfel, ein Phänomen, das durch die Dekompression feuchter Luft verursacht wird. Wieder andere umhüllen einen vergletscherten Gipfel oder schweben über ihm wie eine verkehrt herum fliegende Untertasse, je nachdem, wie schnell die feuchte Luft beim Kontakt mit dem Eis abkühlt.

Oberhalb von 1000 Metern kann man auch unter seinen Füßen ein Wolkenmeer beobachten. Es entsteht bei Inversionswetterlage, wenn kalte und feuchte Luftmassen von einer darüber liegenden warmen Luftmasse gedeckelt werden. Solch ein schwebendes Meer hält sich oft sehr lange und verhindert jeden Austausch zwischen den Luftmassen.

Aus dem Tal aufsteigende Abgase und Feuchtigkeit hängen daher fest und reichern sich darunter an. Dieses Phänomen führt zu erheblichen Luftverschmutzungsspitzen in den urbanisierten und industrialisierten Tälern – das Chamonix-Tal gleicht zuweilen Paris – und verschwindet erst, wenn die untere Schicht, von der Sonne erwärmt, schließlich aufsteigt. Die Feuchtigkeit wird dann in Form einer Kumuluswolke nach oben geschoben.

Bewegt sich im Sommer eine kalte Luftmasse auf ein Gebirge zu, können rasch imposante Kumulonimbuswolken entstehen. Die dort befindliche warme Luft wird in die Höhe gedrückt, und die durch Kondensation freigesetzte latente Wärme verstärkt das Aufsteigen der Luftmassen weiter. Binnen kurzer Zeit bildet sich ein umfangreiches Wolkensystem. Der Kumulonimbus ist die Gewitterwolke schlechthin und mit den eindrucksvollsten Wetterphänomenen verbunden: Starkregen, Hagel, Stürmen usw.

Das Gebirge ist ein regelrechtes Versuchslabor für Wetterphänomene! Dort lassen sich sämtliche Wolkenformen beobachten, darunter auch mehrere, die nirgends sonst zu finden sind, sodass man eigentlich eine Varietät *montanus* einführen könnte: *Cirrocumulus lenticularis montanus* für die Lentikulariswolke, *Stratus opacus montanus* für das schwebende Meer, *Cumulonimbus montanus* für den Kumulonimbus in Höhenlagen oder auch *Stratus fractus montanus* für die fahnenartige Wolke.

Doch auch wenn der Mensch in dem Wunsch, die Welt zu verstehen, gerne alles, was er sieht, klassifiziert, so bleiben Wolken doch flüchtige Gebilde, Massen, die von einer Form zur anderen übergehen, von denen keine lange Bestand hat. Sie erinnern uns daran, dass nichts von dem, was wir beobachten, ewig ist.

* * *

»Wenn hier oben schlechtes Wetter ist«, erzählt Hannes, »sind es gar nicht die Sturmböen, die am meisten beindrucken, sondern vielmehr die Dunkelheit, die Nacht: Ohne das Licht von Sternen und Mond, fernab vom Lichtsmog der Täler, ist es hier so dunkel wie sonst nirgends. Das schafft eine ganz besondere Stimmung. Und wenn dann ein Blitz die Dunkelheit zerreißt ... Dazu fällt mir eine Geschichte ein. Ein Kollege hielt sich einmal bei einem schweren Gewitter im Tunnel der Zahnradbahn auf. Es schlug ganz in der Nähe in den Berg ein, und er sah, wie ein Blitz vom Felsgewölbe auf die Metallgleise übersprang. Er ist mit dem Schrecken davongekommen.«

»Oh«, rufe ich.

»Manchmal«, fährt Hannes fort, »gehe ich bei Gewitter auf die Terrasse meines Labors. Dann entstehen ganz merkwürdige Geräusche, eine Art Surren, und meine Kleider heben sich, als ob ein Geist daran ziehen würde, und meine Haare fühlen sich an, als hätten sie sich in einem Spinnennetz verheddert. Es ist verrückt, was für Phänomene Elektrizität in der Atmosphäre in solchen Momenten auslöst.«

»Das erinnert mich an das Elmsfeuer der Seeleute«, sage ich.

»Das kann man auch in der Höhe beobachten.«

Das Elmsfeuer ist eine Lichterscheinung in Form bläulicher bis violetter Filamente, die manchmal mehrere Dutzend Zentimeter lang werden und bei aufziehendem Gewitter an den Mastspitzen von Schiffen auftreten. Hannes erklärt mir, dass es sich dabei in der Tat um ein Lichtphänomen elektrischen Ursprungs handelt, verursacht durch eine, wie die Physiker sagen, Spitzenentladung: In der Nähe von spitzen Körpern verstärkt sich das elektrische Feld, was bei einem Gewitter in der feuchten Luft Entladungen in Form von Funken verursacht. Im Gebirge erscheint Elmsfeuer an Felsen, an den Eispickeln von Bergsteigern, ja sogar an den bedauernswerten Alpinisten selbst.

Das Hochgebirge ist zudem der ideale Ort, um die Oberseite von Kumulonimbuswolken zu beobachten, über denen manchmal für wenige

Millisekunden sogenannte Sylphen erscheinen. Denkt man bei diesem Namen zunächst an Gestalten aus der Märchenwelt, so werden auch diese kurzlebigen Lichtphänomene durch elektrische Entladungen ausgelöst. Die »roten Kobolde« haben die Gestalt einer Qualle, die »Elfen« die einer Scheibe, und die »blauen Jets« sind blaue Lichtblitze, die aus einer Gewitterwolke nach oben schießen.

»Das Gebirge ist der Schauplatz vieler einzigartiger Erscheinungen«, erklärt Hannes. »Eine der legendärsten ist wohl das Brockengespenst. Stell dir das Schattenbild einer menschlichen Gestalt vor, nur riesengroß, umgeben von einem mehr oder weniger hellen Lichtkranz in den Regenbogenfarben. Es erscheint häufig bei Nebel. Wenn man ihm begegnet, bewegt es sich und verändert sogar seine Größe.«

Dieser bedrohliche, im Gebirge zu beobachtende Schatten gehört ins Reich der Merkwürdigkeiten, die in schwer zugänglichen Bergregionen zu Hause sind und lange den Stoff für geheimnisvolle Mythen geliefert haben. Im Harz, speziell in der Nähe des Berges, dessen Namen es trägt, wurde das Brockengespenst zum Gegenstand zahlreicher Sagen und Legenden, bis es im 18. Jahrhundert schließlich aus einer wissenschaftlicheren Sicht beschrieben wurde. Die Wissenschaft hat den Mythos entzaubert und Erkenntnisse geliefert, die ihn doch nur noch faszinierender machen: Das Brockengespenst ist lediglich ein Schatten und kein Spuk und entspricht einem optischen Phänomen, dessen Entstehungsbedingungen am Brocken häufig festgestellt werden, was wiederum erklärt, warum es gerade dort viele Male beobachtet worden ist.

Der Gipfel des fraglichen Bergs ist häufig an der Grenze zwischen Sonnenschein und darunter liegendem Nebel. Das Gespenst erscheint jedem, der, mit der Sonne im Rücken, auf den Nebel oder die Wolken zugeht. Tatsächlich handelt sich dabei um den vergrößerten Schatten des Beobachters selbst, den die Sonne auf die Nebel- oder Wolkenschicht wirft, wobei das Sonnenlicht von den Wassertropfen reflektiert und gestreut wird. Was die regenbogenfarbene Glorie angeht, die den Schatten des Gespenstes umgibt, so sind dafür die Interferenzen zwischen Lichtstrahlen verantwortlich, die von jedem Wassertropfen ausgehen. Und wenn der Schatten sich bewegt oder sogar seine Größe verändert, so ist das den Bewegungen der Nebelbank geschuldet.

Hannes beschreibt mir schließlich die Halos, die in Höhenlagen leicht zu beobachten sind. Sie schmücken den Himmel rund um die Sonne – und sogar den Mond – mit leuchtenden geometrischen Formen. Diese erscheinen auf Schleierwolken, wie Zirrostratus, die sich zwischen dem Beobachter und der Lichtquelle befinden: Das Licht bricht sich an den Kristallen, die wie ein Prisma wirken. Das Ergebnis sind verschiedene Arten von Halos, abhängig von Form und Ausrichtung der Eiskristalle beim Lichtdurchgang sowie vom Einfallswinkel des Lichtstrahls. Bisweilen nehmen sie die Form von Lichtsäulen an, die über dem Horizont aufsteigen, von Lichtflecken beidseitig der tief stehenden Sonne (Nebensonnen oder Parhelia genannt) oder auch von Lichtringen um das Gestirn herum.

Gespenster, Halos, Elmsfeuer oder Sylphen: Das Hochgebirge, Arkanum der Welt und Wettermacher, ist seit jeher Schauplatz ungewöhnlicher Phänomene, die zwar nach und nach dokumentiert werden, aber die Namen von Fantasiewesen tragen, die einst die Bergwelt bevölkert und heimgesucht haben. Eine Vielzahl merkwürdiger optischer Erscheinungen, die diejenigen, die die Berge durchstreiften, erstaunten oder sogar erschreckten und aufgrund der dort herrschenden extremen Bedingungen zwangen, an ihre physischen Grenzen zu gehen und ihre Ängste zu überwinden.

An diesem Morgen spannt sich nur ein tiefblauer Himmel über den verschneiten Gipfeln, der mehr zum beschaulichen Betrachten einlädt als zum Ergründen atmosphärischer Phänomene.

»Gut«, sagt Hannes, »die Bergluft macht Appetit. Gehen wir frühstücken? Hinterher treffen wir uns in meinem Labor. Ich würde dir gern mehr über meine Arbeit erzählen.«

3/ DAS KLIMA-OBSERVATORIUM

Die Liste der Probleme, die der Klimawandel auf dem Planeten Erde verursacht, wird täglich länger. Mal wird in einem Artikel beklagt, dass 99 Prozent der Korallen nicht mehr in der Lage sind, sich von den immer häufigeren maritimen Hitzewellen zu erholen. Mal der rapide Anstieg des Meeresspiegels, der beispielweise Städte am Mittelmeer bedroht, die überhaupt nicht darauf vorbereitet sind, ihm entgegenzuwirken, wie etwa Venedig oder Alexandria … Der Bericht des Weltklimarats IPCC von Anfang 2022 ist unmissverständlich: Die Situation spitzt sich zu.

Hannes Vogelmanns gesamte Forschungsarbeit hat zum Ziel, die Vorgänge in der Atmosphäre besser zu verstehen, und ist mit der Hoffnung verbunden, mehr über das Klima auf der Erde zu erfahren und besser voraussagen zu können, wie es sich in den kommenden 20, 30 oder sogar 100 Jahren entwickeln wird. Für den Schutz der Erde und ihrer Ökosysteme sind solche Kenntnisse von entscheidender Bedeutung.

Gegenseitige Abhängigkeit bestimmt alles, was auf dem Planeten existiert. Sei es das Klima, die Lebewesen oder die Berge, die Wechselwirkungen zwischen Organischem und Anorganischem sind grenzenlos und beruhen auf Gleichgewichten, die über Jahrmillionen entstanden sind und die wir gerade erst zu entdecken beginnen. Verstehen, um zu schützen. Es ist ein hoher Anspruch der wissenschaftlichen Forschung,

die Natur nicht beherrschen, benutzen oder überwinden zu wollen, sondern sie im Gegenteil demütig zu begreifen und ein tieferes Verständnis unserer Welt zu vermitteln mit dem Ziel, jene Harmonie zu bewahren, die nicht zuletzt an der Geburt der Menschheit mitgewirkt hat.

Als Physiker und Alpinist widmet Hannes sein Leben diesem hehren Ziel, indem er es aus einem ganz bestimmten Blickwinkel in Angriff nimmt. Wir sitzen in seinem Büro im Turm des Schneefernerhauses, in knapp 2700 Meter Höhe, als er mir mehr darüber erzählt.

»Ich untersuche vorrangig den Wasserdampf in der Atmosphäre, denn er ist das Gas mit dem stärksten Treibhauseffekt.«

»Ach was? Das überrascht mich. Ich dachte, das wäre das Kohlendioxid. Wenn in den Medien von der Klimaerwärmung die Rede ist, wird doch vor allem Kohlendioxid als Verursacher genannt.«

»Tatsächlich besteht der Unterschied zwischen diesen beiden Gasen darin, wie lange sie in der Atmosphäre verweilen«, erläutert er mir. »Kohlendioxid bleibt dort Jahrhunderte, deshalb erfordert es viel Zeit, seine Konzentration zu verringern. Wasserdampf hingegen hält sich dort aufgrund des Wasserkreislaufs nur etwa zehn Tage. Andererseits steuert er zwei Drittel zum Treibhauseffekt bei, obwohl sein Anteil an der Gesamtmasse der Atmosphäre nur 0,25 Prozent beträgt. Und nur 0,3 Prozent dieses Anteils wiederum stellen übrigens Wolken dar.«

»Besteht ein Zusammenhang zwischen dem Anstieg der CO_2-Konzentration und Wasserdampf?«

Hannes sieht mich mit seinen grünen Augen an. »Ja, die hängen eng miteinander zusammen. Die globale Erwärmung beschleunigt die Wasserverdunstung an der Erdoberfläche und besonders aus den Meeren. Je wärmer die Luftmassen sind, desto mehr Wasserdampf können sie aufnehmen: Wir haben also einen exponentiellen Runaway-Effekt, der nur dadurch begrenzt wird, dass Wasser in der Atmosphäre auch wieder kondensiert und als Niederschlag zur Erde zurückkehrt. Wenn der Anstieg der CO_2-Konzentration in der Atmosphäre zu einem wärmeren

Allgemeinklima führt, trägt er auch zu einer erhöhten Wasserdampfmenge in der Atmosphäre bei, die dann wiederum selbst einen stärkeren Treibhauseffekt hat …«

»… und Wetterveränderungen verursacht?«, frage ich aufs Geratewohl.

»In der Tat. Der Wasserdampf in der Atmosphäre und die Temperaturen der Luftmassen sind für alle Wetterereignisse verantwortlich. Tiefdruck- und Hochdruckgebiete, Wolkenbildung, Niederschläge usw. Wenn die atmosphärischen Bedingungen sich ändern, ändert sich auch das Wettergeschehen. Infolge des globalen Temperaturanstiegs wird sich die Verdunstung aus den Meeren verstärken. Der größere Wasserdampfgehalt der Atmosphäre kann dazu führen, dass sich mehr Wolken bilden, und wenn die Lufttemperatur steigt, kondensieren sie auch später!«

Ich höre dem Wissenschaftler aufmerksam zu. Ich muss gestehen, dass ich mir über die Rolle des Wasserdampfs bei der globalen Erwärmung nicht im Klaren gewesen bin.

»Sind alle Regionen der Welt in gleichem Maße von diesen Veränderungen betroffen?«, frage ich ihn noch.

»Nein, denn die Verteilung des Wasserdampfs in der Atmosphäre hängt weitgehend von der Temperatur ab. Zudem könnten sich auch großräumige Luftströme wie der Jetstream ändern und auf die Wetterverhältnisse einwirken. Die Verteilung der Niederschläge würde sich in zeitlicher wie auch in räumlicher Hinsicht ändern. Die Folge wären neue Dürreperioden oder deutlich mehr Niederschläge mit Starkregen und Überschwemmungen oder mit entsprechenden Schneemengen im Winter.«

»Okay, das betrifft die Niederschlagsmengen, aber, konkreter gefragt, stellt es ein besorgniserregendes Risiko dar? Ist eine Häufung von Extremereignissen zu befürchten wie im Sommer 2021, als Frankreich und Deutschland von schweren Überschwemmungen heimgesucht wurden und der Norden der Vereinigten Staaten unter einer Hitzewelle mit extremen Temperaturen und Megafeuern litt?«

»Ja, eindeutig. Ein Anstieg des Wasserdampfgehalts in der Atmosphäre kann die Wahrscheinlichkeit von extremen Wetterereignissen erhöhen, von Gewittern im Sommer, von Taifunen, Hurrikans und Starkregen in den Tropen.«

»Um auf meine Eingangsfrage zurückzukommen: Wenn Wasserdampf bei der Erderwärmung eine so wichtige Rolle spielt, warum wird dann viel mehr über Kohlendioxid geredet?«

»Möglicherweise deshalb, weil menschliches Tun der Hauptgrund für den Anstieg der CO_2-Konzentration in der Atmosphäre ist und wir folglich auch etwas tun können, um sie zu verringern. Die stärkere Wasserverdunstung und der höhere Wassergehalt in der Atmosphäre sind dagegen eine indirekte Folge der Klimaerwärmung. Darauf können wir kaum Einfluss nehmen, auch wenn es erhebliche Auswirkungen auf unser Leben haben wird.«

»Aber wie können wir uns auf diese Zukunft vorbereiten? Und vor allem, haben wir von ihr ein klares Bild?«

»Nein«, räumt der Wissenschaftler ein. »Aufgrund der extremen räumlichen Variabilität von Wasserdampf lassen sich die Szenarien zur Klimaerwärmung sehr schwer beurteilen. Was wir zu verstehen versuchen, ist sein Einfluss auf die Strahlungsbilanz der Erde. Die von der Sonne empfangene Energie muss mit der, die unser Planet abgibt, im Gleichgewicht sein.«

»Eine Störung dieses Gleichgewichts ist gleichbedeutend mit Abkühlung oder Erwärmung, nicht wahr?«

»Ja. Die Wärmestrahlung wird in den unteren Schichten der Erdatmosphäre sehr schnell absorbiert. Oberhalb von fünf Kilometern Höhe ist die Atmosphäre dagegen durchlässiger, die Strahlung wird zurück in den Weltraum abgegeben. 50 Prozent des Wasserdampfs in der Atmosphäre befinden sich unterhalb von eineinhalb Kilometern und nur 5 Prozent oberhalb von fünf Kilometern. Wenn sich in diesem Bereich allerdings eine größere Menge Wasserdampf ansammelt, dann behindert sie die Abstrahlung in den Weltraum und schickt die Wärme zur Erde zurück, was die Klimaerwärmung verstärken wird. Die Wasserdampfmenge oberhalb von fünf Kilometern Höhe ist also höchst problematisch und wirkt sich stark auf das Klima aus. Das ist genau der Bereich, den ich mit meinem Lidar-System untersuche.«

*
* *

Das Lidar-System ist das Instrument, mit dem Hannes versucht, das Klima besser zu verstehen und das ich in der vorausgegangenen Nacht im Einsatz gesehen habe. Dabei handelt es sich ursprünglich um einen Laser, der so modifiziert wurde, dass er wie ein Radar oder ein Sonar fungiert. Ein Radar arbeitet im Bereich der Funkwellen, ein Sonar mit Schallwellen und ein Lidar mit Licht im sichtbaren, infraroten und ultravioletten Bereich. Im Unterschied zum Radar interagiert das Lidar auch mit mikroskopisch kleinen Objekten und sogar mit den Molekülen der Atmosphäre. Daher ist es das ideale Instrument, um die Bestandteile der Atmosphäre zu untersuchen, deren Schwebeteilchen (wie die Aerosole) und Moleküle (wie der Wasserdampf) das Spezialgebiet des Wissenschaftlers sind.

Ein Lidar-System ist also eine Fernmesstechnik, mit der man die Eigenschaften eines Lichtstrahls analysiert, der in die Atmosphäre gesendet und zum Sender zurückgestreut wird. Es besteht aus einer Laserquelle, die einen gepulsten Lichtstrahl hoch in die Atmosphäre schießt, dessen Lichtsäule dabei auf unterschiedliche Objekte stößt. Die von atmosphärischen Bestandteilen erzeugten »Lichtechos« prallen zu einem Empfänger zurück, der das Licht sammelt wie ein Teleskop. Dieser Empfänger ist mit einem Fotodetektor verbunden, der das Licht in ein elektrisches Signal umwandelt und dieses an eine Rechnerkette schickt, um daraus die gewünschten Daten zu gewinnen. So erhält man ein Vertikalprofil der Atmosphäre, aus dem man die Konzentration verschiedener Bestandteile in einer bestimmten Höhe ableiten kann, aber auch verschiedene physikalische Parameter wie die Temperatur.

Hannes betreibt verschiedene Lidar-Varianten. Die mit Infrarotlicht arbeitende Variante benutzt er beispielweise, um die Konzentration von Wassermolekülen in der Troposphäre bis in rund zwölf Kilometer Höhe zu ermitteln, also bis zur Tropopause (der Obergrenze der Troposphäre). Mit der UV-Variante misst er ebenfalls Wassermoleküle, allerdings bis in 25 Kilometer Höhe in der Stratosphäre, sowie die Temperatur bis in 90 Kilometer Höhe. Und mit sichtbarem Licht spürt er bis in 45 Kilometer Höhe Aerosolen nach. Dieses letzte Lidar-System habe ich am Vorabend in Aktion gesehen.

»Was können wir aus den Aerosolmessungen lernen?«, frage ich.

»Aerosole haben andere Auswirkungen auf das Klima als Treibhausgase. Die größten Klimakatastrophen der Erdgeschichte gingen mit einer globalen Abkühlung einher, die durch eine Verschmutzung der Stratosphäre etwa durch Vulkanasche, durch große Waldbrände oder Asteroideneinschläge verursacht wurde, bei denen viel Schutt in die Atmosphäre geschleudert wurde.«

»Wie beim Aussterben der Dinosaurier?«

»Genau. Kollegen von mir untersuchen, ob es eine Korrelation zwischen Aerosolen und Wasserdampf gibt.«

»Das alles ergibt ein ziemlich komplexes Bild der Atmosphärenphysik. Da fallen Zukunftsprognosen schwer, oder?«

»Es ist in der Tat sehr schwierig, die beteiligten Phänomene zu verstehen. Aber wir machen Fortschritte, und so viel ist sicher: Die globale Durchschnittstemperatur an der Erdoberfläche steigt schnell. Was wir übrigens auch hier oben feststellen: Auf dem Zugspitzgipfel ist sie in den letzten gut 100 Jahren um durchschnittlich 2 °C gestiegen, also schneller als in der übrigen Welt, wo man derzeit einen Anstieg um etwas über ein Grad misst.«

»Tatsächlich? Worauf ist das zurückzuführen?«

»Das ist noch nicht hinreichend erforscht. Die Wissenschaft stellt nur allgemein fest, dass die Erwärmung im Hochgebirge, wie auch an den Polen, stärker und schneller voranschreitet. Zu diesem Thema haben wir am Institut ein neues interdisziplinäres Projekt ins Leben gerufen, zwischen Hydrologie, Atmosphärenforschung, Meteorologie, Modellierung usw. Wir versuchen zu verstehen, was in diesen speziellen Regionen vorgeht. So werden wir mit verschiedenartigen Sensoren die Temperatur in unterschiedlichen Höhen ermitteln und mit meinen Lidar-Messungen vergleichen.«

»Kann der interdisziplinäre Charakter dieses Projekts der Komplexität der Welt gerecht werden?«, frage ich nicht ohne Hoffnung.

»Vielleicht können wir mit einem besseren Verständnis des Klimasystems größere Katastrophen verhindern, auch wenn wir das, was bereits passiert ist, leider nicht mehr ungeschehen machen können«, antwortet der Wissenschaftler bedauernd. »Siehst du auf dem Hang gegenüber den Schneeferner-Gletscher, der unserer Forschungsstation den Namen gegeben hat? Seit 1850 hat er 85 Prozent seiner Oberfläche und 90 Prozent seines Volumens verloren. Im Übrigen ist er längst kein Gletscher mehr, sondern nur noch ein Stück sogenanntes Toteis, das im Lauf der nächsten Jahre abschmelzen wird.«

Ich blicke aus dem Fenster zu dem vereisten Hang, dessen Name nur noch ein Symbol ist, eine Erinnerung von Hotelbesuchern, die hierherkamen, um die hochalpine Wunderwelt zu bestaunen. Und mittlerweile auch eine Erinnerung von Forschern, die zu ergründen versuchen, was hier oben vor sich geht.

Als einer von ihnen bemüht sich der Wissenschaftler Hannes Vogelmann, die Geheimnisse unserer Lebensumwelt zu entschlüsseln. Sein Ziel ist es, darüber aufzuklären, warum wir etwas ändern müssen, warum wir es uns zur Aufgabe machen müssen, die großartige Natur der Bergwelt zu schützen und zu bewahren. Denn Wissenschaft macht nur

Sinn, wenn man sie teilt. Sie ist keine bloße Anhäufung von Wissen, das wenigen Gelehrten vorbehalten bleibt, sondern eine Kraft, die in die gesamte Gesellschaft hineinwirken muss. Jeder kann verstehen, lernen und sich dafür begeistern, wie die Welt funktioniert, sich schließlich ihrer Schönheit annehmen und sie pflegen. Die große Aufgabe der Wissenschaftler besteht darin, das Wissen zur Verfügung zu stellen, das wir benötigen, um die richtigen Entscheidungen für die Zukunft zu treffen.

Das Abschmelzen der Gletscher hat nicht nur für die Bergwelt katastrophale Folgen. Langfristig wird es weitere Schäden anrichten, die ebenso nachteilige Folgen zeitigen werden – wie das Abschmelzen der permanenten Schneefelder, das Austrocknen von Bergseen, Bächen und Quellen. In den Ländern, die von diesem Wasserspeicher abhängig sind, wird es irreversibel das Gleichgewicht stören. Denn die alpinen Gletscher sind nicht nur Teil der Landschaft, sondern auch ein europäisches Wasserreservoir, das unter anderem Rhein, Rhône, Po und Donau speist.

Das Gebirge leidet. Und es ist uns eine Warnung. Denn was aktuell geschieht, ist ernst. Die Erde hat in ihrer Geschichte zwar zahlreiche Eiszeiten und ebenso viele Warmzeiten erlebt, doch keine davon ist so schnell eingetreten. Normalerweise erstrecken sie sich über Jahrtausende, in denen die Evolution den Lebewesen hilft, sich anzupassen. Diesmal jedoch geht alles zu schnell.

Vor 20 000 Jahren, während der letzten Eiszeit, bedeckte ein gigantischer Eisschild von 2000 Metern Dicke den Nordwesten Europas. Riesige Gletscher wuchsen aus den Alpen, den Pyrenäen, den Vogesen und dem Zentralmassiv ins Vorland hinaus, während windgepeitschte, karge Steppen das Tiefland bedeckten. Die Kontinente banden so viel Wasser, dass der Meeresspiegel gut 100 Meter tiefer lag! Den Ärmelkanal gab es nicht. Der Eingang zur Cosquer-Grotte bei Marseille, deren Wände Höhlenmalereien von Tieren wie Riesenalken schmücken, befindet sich heute 35 Meter unter dem Wasserspiegel, dabei lag er einst mehrere Kilometer im Landesinnern. Vor 20 000 Jahren war die globale Durchschnittstemperatur nur 6 °C niedriger als heute, und doch war die Landschaft radikal anders. Was erwartet uns in den kommenden Jahrhunderten, wenn wir die Erderwärmung jetzt nicht hinreichend stoppen?

Handeln, das ist es, wozu uns die Wissenschaft heute aufruft. Hat sie den Planeten lange als ein riesiges Kuriositätenkabinett betrachtet, so zeigt sie heute die engen Beziehungen auf, die uns Menschen mit ihm verbinden. Wir entdecken, dass wir integraler Bestandteil eines riesigen Beziehungsgeflechts sind und dass unser Handeln Konsequenzen hat, die das gesamte Geflecht betreffen.

Heute ist es für niemanden mehr ein Geheimnis: Was wir tun, droht uralte Gleichgewichte zu zerstören. Schlimmer noch, es bringt zahlreiche Lebewesen in Gefahr, auch uns Menschen selbst. Doch wenn wir selbst dafür verantwortlich sind, so erwächst uns daraus doch auch eine einmalige Chance: Wir können Abhilfe schaffen und dadurch menschlicher werden. Das ist eine der Botschaften, die von den Bergen ausgehen.

4/ EISREGIONEN

Die Umweltforschungsstation Schneefernerhaus trägt ihren Namen nicht von ungefähr. Man erforscht dort nicht nur die Physik der Atmosphäre, sondern auch gefrorenes Material, das für die Zukunft des Planeten von entscheidender Bedeutung ist: den Permafrost. Man muss nicht den Polarkreis überschreiten, um Eisbohrkerne zutage zu fördern und ihnen Bodenproben zu entnehmen, die dauerhaft Minusgraden ausgesetzt waren: Das Gebirge bietet direkten Zugang zur Physik der Kälte und dient selbst als Labor. Die Forschungen, die im Schneefernerhaus zum Permafrost durchgeführt werden, erfolgen in einem Tunnel, der unter dem ehemaligen Hotel in den Berg getrieben ist. Der Gang scheint eigens für die Wissenschaftler angelegt worden zu sein, doch dem ist nicht so. Er war früher der Öffentlichkeit zugänglich und verband das Schneefernerhaus mit einem anderen Gebäude auf der österreichischen Seite des Zugspitzgipfels.

Am Eingang rüsten Hannes und ich uns mit Helmen, Lampen und Steigeisen aus, bevor wir den feuchten und dunklen Gang betreten. Nach rund 100 Metern stoßen wir links auf eine halb geschlossene Öffnung, in die wir hineinschlüpfen. Die Höhle, die hier beginnt, ist deutlich niedriger, und bald müssen wir auf allen Vieren kriechen. Plötzlich spüren wir Eis unter den Knien und krabbeln vorsichtig weiter, bis wir zu Riccardo stoßen, einen sympathischen italienischen Wissenschaftler.

Die Wand vor ihm ist mit Sonden gespickt, die in den Fels getrieben sind. Sie messen seine Temperatur über einen langen Zeitraum hinweg. Ich bin verblüfft: Als Hannes mit mir über Permafrost sprach, dachte ich, ich würde altes und etwas schmutziges Eis zu sehen bekommen.

»Es ist mehr als das«, erklärt mir Riccardo. »Laut Definition ist Permafrost jedes Material – Eis oder nur Gestein, aber auch Eis und Gestein gemischt –, das sich mindestens zwei Jahre in Folge nicht über null Grad erwärmt.«

Das Team, in dem Riccardo arbeitet, erforscht den alpinen Permafrost seit gut zwanzig Jahren. Neben den Sonden nutzen die Wissenschaftler eine weitere Methode, die darin besteht, Stromstöße in die Wand zu schicken. Es ist nämlich so, dass die Leitfähigkeit von Gestein steigt, wenn es gefroren ist: Messungen des elektrischen Widerstands geben über seine Temperatur Auskunft und liefern auf diese Weise viel mehr Daten. Tatsächlich haben die Messungen, die das Team vornimmt, den großen Vorteil, dass sie direkt vor Ort durchgeführt werden können und somit Kernbohrungen überflüssig machen, die selbst die Resultate verfälschen könnten. Die gewonnenen Daten werden anschließend mit anderen verglichen, die man im Labor an einem gekühlten Gesteinsbrocken aus demselben Felsen gewonnen hat, der als Referenz dient.

»Im Gebirge spielt der Permafrost eine Schlüsselrolle«, erklärt mir Riccardo. »Vereinfacht ausgedrückt: Er ist es, der alles zusammenhält. Wenn er verschwindet, also wenn das Material, aus dem er besteht, sich auf über 0 °C erwärmt, dann verliert das Gebirge an Stabilität und die Gefahr von Felsstürzen steigt. 2017 hat sich am Piz Cengalo in der Schweiz ein schwerer Bergsturz ereignet, ausgelöst durch auftauenden Permafrost. Es ist heute unerlässlich, den Permafrost in den Alpen zu überwachen, weil sich dort viele Touristen aufhalten. Das ist umso dringlicher, als die jährliche Durchschnittstemperatur auf der Zugspitze allein seit 1980 um 1 °C gestiegen ist. Die baulichen Anlagen verlieren an Stabilität, und gleichzeitig steigen die Besucherzahlen immer weiter. Inzwischen werden Neubauten tiefer im Untergrund verankert, aber ist das wirklich die Lösung? Wie tief will man denn graben?«

Ich schüttele den Kopf, in der Tat wenig überzeugt von diesen kurzfristigen Losungen, mit denen man die Folgen des Klimawandels in den Griff zu bekommen versucht. Wie kann die Menschheit, die doch zu hochkomplexem Denken fähig ist, immer noch an den Symptomen herumdoktern, statt das Übel an der Wurzel zu packen?

Riccardo erinnert mich daran, dass das Auftauen von Permafrost nicht nur in den Alpen eine Gefahr darstellt. Permafrost bedeckt nahezu ein Viertel der Landfläche des Planeten und tritt in Höhenlagen ebenso wie in höheren Breiten auf. Sein durch den Klimawandel verursachtes Abtauen ist eine tickende Zeitbombe. Der arktische Permafrost beispielsweise bindet ungefähr zwei Drittel mehr Kohlenstoff als die Atmosphäre. Diesen könnte er vor allem in Form von Methan (CH_4) abgeben, das ein weitaus potenteres Treibhausgas ist als CO_2 – pro emittiertem Molekül etwa dreißigmal so stark –, allerdings nicht so langlebig: Während CO_2 hunderte Jahre in der Atmosphäre bleibt, sind es bei Methan nur etwa zwölf Jahre. Es droht also ein positiver Rückkopplungseffekt: Die freigesetzten Treibhausgase verstärken die Klimaerwärmung, die wiederum das Abschmelzen des Eises beschleunigt usw.

Außerdem könnte der Permafrost auch vergessene oder unbekannte Viren enthalten, die bei seinem Verschwinden freigesetzt und reaktiviert werden. Wäre die heutige Menschheit einem 30 000 Jahre alten Virus gewachsen, dem sie niemals ausgesetzt war? Das ist höchst zweifelhaft.

Im Zugspitztunnel lenkt Hannes meine Aufmerksamkeit auf das, was sich über unseren Köpfen befindet. Die Deckenwand ist mit einem lichten Wald aus prachtvollen Eiskristallen und Stalaktiten bedeckt. Von weitem scheint er aus winzigen Schuppen zu bestehen, die dicht an dicht mehrere Quadratmeter der Gesteinsoberfläche einnehmen. Aus der Nähe betrachtet, bieten die Kristalle einen faszinierenden Anblick. Sie wachsen in hexagonaler Symmetrie, und die Wachstumslinien zwischen den Achsen sind gut zu erkennen. Sie sehen aus wie riesige Schneeflocken.

»Weiter hinten im Haupttunnel findet man noch größere«, verrät uns Riccardo.

* * *

Wer eine doppelte Leidenschaft für die Physik und die Berge hat, kann sich nur schwer dem Reiz einer Zustandsform von Materie entziehen, die wissenschaftlich so viel zu bieten hat wie Eis. Tatsächlich gibt es kaum eine Bergregion auf der Welt ohne Schnee und Eis. Sie formen neue Landschaften, fristen je nach Höhe ein kurzes oder ewiges Dasein und täuschen mit ihrer scheinbaren Starrheit über subtile Bewegungen hinweg.

Auch Schneeflocken sind Eiskristalle wie die an der Tunneldecke. Sie bilden sich in hohen Wolken und bestehen aus Wassermolekülen, die sich zu symmetrischen Sechsecken zusammenfügen. Wenn die Luft mit Wasserdampf gesättigt ist und die Temperatur unter -39 °C fällt, entstehen Kristalle spontan. Oder die Wasserdampftröpfchen lagern sich um einen Kristallisationskeim an, ein Schwebeteilchen, dessen Durchmesser wenige Mikrometer nicht übersteigt: ein Aerosol. Die kristallinen Eigenschaften dieses Partikels müssen denen von Eis sehr ähnlich sein, damit die Kristallisation in Gang kommt. Nach und nach docken die Wassermoleküle an dem winzigen Sechseck an. Wie der Kristall wächst, hängt von der Beschaffenheit der atmosphärischen Luftschichten ab, die er auf dem Weg nach unten passiert.

Bei Temperaturen zwischen -6 und -10 °C wachsen die großen Flächen des Kristalls, zwischen -10 und -12 °C seine kleinen und zwischen -12 und -20 °C seine Kanten. Da die Kombinationsmöglichkeiten der Luftmassen, auf die der wachsende Kristall trifft, unbegrenzt sind, ist die Chance, dass zwei vollkommen identische Schneekristalle entstehen, äußerst gering. Gleichwohl unterscheidet man zwischen acht Hauptarten: Plättchen in Form eines Sechsecks, prismatische Säulen, Manschettenknöpfe, womit prismatische Säulen mit Plättchen an beiden Enden gemeint sind, sechsstrahlige Sterne – ohne jeden Zweifel die schönsten Flocken –, dünne Eisnadeln, kugelförmige Dendriten, unregelmäßige Partikel und weiche Graupelkristalle. Erfolgt das Gefrieren zu schnell, nimmt der Kristall das Aussehen eines mehr oder weniger kugelförmigen Eiskornes an.

Wenn frisch gefallener Schnee eine lockere Decke bildet, die sich verdichtet, wird er pulvrig und körnig: Die Kanten der Kristalle runden sich ab. Steigt die Temperatur, dringt Schmelzwasser ein. Bei neuerlichem Frost wachsen die Kerne weiter, verdrängen die Luft und verschmelzen miteinander. Wenn sie in der Folge nicht tauen, können sie zu Firn werden, einer Art hartem Schneebeton. Im Wechsel von Frost- und Tauperioden verwandelt sich der Firn in Eis, das zunächst milchig ist, da es noch Luftblasen enthält. Verschwinden die Blasen durch Kompression, wird das Eis zunehmend durchsichtig.

Geologisch gesprochen ist Eis ein Gestein, das aus Mineralien besteht. Und was wenig bekannt ist: Es gibt nicht nur eine, sondern ein gutes Dutzend Arten von Eis, die von den jeweiligen Temperatur- und Druckverhältnissen abhängen. Grund für ihre unterschiedlichen Eigenschaften ist ihre Kristallstruktur. Eis ist eine Aneinanderreihung von Einkristallen sehr unterschiedlicher Größe von bis zu fünf Zentimetern. Die in der Atmosphäre der Erde verbreitetste Eisvariante besteht aus hexagonalen Kristallen. Jeder Kristall ist von den anderen durch eine zickzackförmige Soleschicht getrennt, die Verunreinigungen und Gaseinschlüsse enthält. An diesen Fugen wird das Eis schmelzen.

Später, als ich vom Schneefernerhaus zurückkehre mit dem Ziel, mehr über die Welt des Eises zu erfahren, unterhalte ich mich mit Samuel Cook, einem jungen britischen Gletscherforscher, der für das Institut für Geo- und Umweltwissenschaften in Grenoble arbeitet. Von mir nach seinem Werdegang gefragt, erzählt er mir, dass er im englischen Cambridge studiert hat.

»Tatsächlich? Ich hätte nicht gedacht, dass es dort einen Studiengang Glaziologie gibt. England besitzt nicht viele Gletscher.«

»Das stimmt. Aber der Studiengang knüpft an die lange und reichhaltige Forschungsgeschichte des Landes an.«

Ich befrage ihn auch zu Lawinen, obwohl das nicht direkt sein Fachgebiet ist. Ich erfahre, dass sich Schnee auf dem Boden in Schichten ablagert, von denen jede ihre eigenen Kristalle besitzt: An diesen Schichten lässt sich die Geschichte einer Schneedecke ablesen wie die eines Baumes an seinen Jahresringen. Der Schnee wird zusammengedrückt und verändert sich unter der Einwirkung seines eigenen Gewichts, und im Gebirge gleitet er gleichzeitig zu Tal. Die dabei erzeugte Spannung – abhängig von der Neigung des Hangs, dem Gewicht des Schnees und seiner Viskosität – kann dazu führen, dass die Schneedecke ab einem bestimmten Punkt auseinanderreißt und ein ganzes Schneebrett talwärts saust: Das ist eine Lawine, ein regelrechter Sturzbach aus Schnee.

Samuel erklärt mir, dass die Wissenschaft versucht, Lawinenmodelle zu entwickeln, um sie besser verstehen und vor ihnen warnen zu können. Sie unterscheidet zwischen drei Lawinenzonen: der Abbruchs- oder Anrisszone, der Transitzone (Sturzbahn) und der Ablagerungszone. Eine Lawine wird entweder spontan ausgelöst, infolge von Veränderungen der Schneedecke, oder durch Fremdeinwirkung, wenn etwa ein Skifahrer zu viel Druck auf sie ausübt. Typisch für die Schneebrettlawine – mit die gefährlichste – ist ein linienförmiger, glatter Anriss am oberen Ende einer Schneetafel, die sich ablöst, wenn eine dicht gepackte Schneeschicht – das Brett – auf einer fragileren Schicht ruht. Das ist der Grund, warum Wissenschaftler einerseits auf die Mechanik fester Körper zurückgreifen, um die beim Abbruch maßgeblichen Mechanismen zu entschlüsseln, und andererseits auf die Mechanik von Flüssigkeiten, um den Abgang zu beschreiben.

85 Prozent der Lawinen haben ihre Ursache in den vorausgegangenen Witterungsbedingungen. Bis zu einem gewissen Grad sind sie daher vorhersehbar. Im Labor simuliert man beispielsweise die Bildung von Windkrusten und Schneewechten mit Hilfe eines Windkanals. Dennoch ist es weiterhin erforderlich, den Bau von Infrastrukturanlagen in Risikozonen zu verbieten und dafür ein sicheres Gelände wie beispielsweise unter einem Felsvorsprung zu wählen. Man kann auch Verbauungen anbringen, um Schneemassen umzulenken oder zu bremsen, oder Lawinen künstlich auslösen. Der Erhalt der Bodenrauigkeit garantiert zudem eine bessere Haftung des Schnees, und Wiederaufforstung ist hier nach wie vor eine der sichersten Gegenmaßnahmen.

Doch das Spezialgebiet des Glaziologen Samuel Cook bleibt die Erforschung von Gletschern. Wehmütig erzählt er mir von dem Exemplar in Grönland, über das er seine Doktorarbeit geschrieben hat. Im Rahmen seiner Forschungen kampierte er einen Monat lang auf einem kleinen Stück Tundra am Fuß des Giganten, auf einer Klippe zwischen Eis und Meer, inmitten einer unberührten Landschaft von großer Schönheit. In diesem Monat bekam er gleichzeitig auch die Härten dieser Umgebung zu spüren, wo Schlaf ein seltener Luxus ist, da es im Juli nie dunkel wird, und den Besucher nur Stille durch die Stunden begleitet, gelegentlich unterbrochen vom Knirschen und Knacken des Gletschers. Samuel kontrollierte regelmäßig die Stromversorgung eines Radars durch Sonnenkollektoren. Das Gerät maß alle drei Minuten die Bewegung der Eismassen. Aus den so gesammelten Daten wurde später ein Modell entwickelt, mit dem sich voraussagen lässt, wie viel Eis sich von dieser Eisbergfabrik löst.

Auf meine Bitte hin erklärt mir der Glaziologe, wie ein Gletscher »funktioniert«. Im Gebirge, oberhalb einer bestimmten Grenze, fällt mehr Schnee, als abtauen oder verdampfen kann: Das ist die klimatische

Schneegrenze. Doch der Schnee häuft sich nicht an, sonst würde er kilometerdick die Gipfel bedecken. Die überschüssigen Flocken fließen in Form fester Flüsse die Hänge hinab und verwandeln sich dabei in Eis, bis sie eine so niedrige Höhe erreichen, dass sie tauen und in den Wasserkreislauf zurückkehren können. Diese Eisströme sind nichts anderes als Gletscher.

Da es unmöglich ist, einen Gletscher in ein Labor zu sperren, wie mir Samuel augenzwinkernd erklärt, arbeitet er momentan bevorzugt mit numerischen Simulationen, um ihre Dynamik besser verstehen und in ein Modell fassen zu können.

Ein Gletscher speist sich aus einem Firnfeld in großer Höhe, wo sich Schnee anhäuft und in Eis verwandelt. Auf das Firnfeld folgt ein Bergschrund, eine tiefe Spalte, die durch die Ablösung des Gletschers entsteht. Als nächstes bildet sich eine Gletscherzunge von durchschnittlich 60 bis 400 Metern Dicke, deren Fließgeschwindigkeit zwischen mehreren Dutzend und mehreren hundert Metern pro Jahr betragen kann, je nach Niederschlagsmenge im Einzugsgebiet. Jeder Gletscher bewegt sich in seinem eigenen Tempo. Gleichwohl erzeugen die ungleichmäßige Fließgeschwindigkeit und das Relief des Felsbetts sogenannte Scherspannungen in seinem Innern. Die Folge: Das Eis bricht auseinander, so wie Lack absplittert, wenn sein Haftgrund gebogen wird, es entstehen Risse, Gletscherspalten und Eistürme.

Die Viskosität eines Gletschers liegt zwischen der von Gestein und Lava. Er gleitet also nicht wie ein Block, sondern dehnt sich aus. Der Druck verändert die innere Struktur des Eises: Die Kristalle verformen sich und ermöglichen schließlich ein Übereinandergleiten der verschiedenen Molekülschichten. Ein Gletscher gleitet auch durch Schmelzen und Wiedergefrieren und durchläuft in unseren Breiten zwei Perioden: die der Akkumulation, wenn mehr Schnee fällt, als Eis schmilzt, und die der Ablation, in der er durch Abschmelzen Masse verliert. Überdies transportiert der Eisstrom eine beachtliche Menge an Material, das sich weiter unten in Form von Moränen ablagert. Schließlich sind am Ende der Gletscherzunge häufig eine Eishöhle und im Sommer ein Bach zu beobachten.

Heute untersucht Samuel die Gletscherdynamik in den Alpen, wobei er ein besonderes Augenmerk auf die durch den Klimawandel (auf den die Gletscher sehr empfindlich reagieren) veränderten meteorologischen und biologischen Bedingungen richtet. Das Abschmelzen der Gletscher hat unmittelbare Auswirkungen auf den Anstieg des Meeresspiegels. Der Glaziologe testet zurzeit neue Modelle zu den beiden Alpengletschern Mer de Glace und Glacier d'Argentière, die der Wissenschaft bestens bekannt sind. Man erhofft sich von diesen Modellen, dass sie langfristig präzisere Voraussagen über das Verhalten anderer Gletscher liefern können.

* * *

Hannes und ich verlassen Riccardo und kriechen auf allen Vieren zurück, um uns die größeren Eiskristalle anzusehen. Im Hauptgang legen wir die Steigeisen an, denn weiter hinten ist der Boden komplett gefroren. Wir gehen ein paar Dutzend Meter und gelangen mitten in dieser unterirdischen Welt an eine Tür, an der das bayerische Staatswappen prangt.

»Die Tür markiert die Grenze zu Österreich«, erklärt mir der Hannes. »Früher gab es hier sogar einen Zöllner.«

Unglaublich, der Mensch zieht überall Grenzen, sogar 50 Meter unter einem Berg. Einen Moment lang stelle ich mir vor, wie im 20. Jahrhundert Touristen diese unterirdischen Gänge erkundeten. Heute, da der Tunnel der Forschung gewidmet ist, erscheint das völlig absurd.

Wir überqueren die Grenze und marschieren noch ein paar Minuten, ehe wir neue Kristalle entdecken: Die größten sind gut einen Zentimeter breit. Sie funkeln im Schein unserer Lampen, und ich staune einmal mehr über die Naturgesetze und die Harmonie, die solche Objekte formen.

Ich präge sie meinem Gedächtnis ein, um die Erinnerung an sie mitzunehmen, und lasse mich von ihrer Feinheit und Fragilität verzaubern. In ihrer Schönheit sind sie auch ein Symbol einer bedrohten Welt aus Eis, Botschaften, die in das Herz des Berges gemeißelt sind.

»Lass uns für einen Moment das Licht löschen«, bittet mich Hannes auf dem Rückweg.

Wir schalten unsere Lampen aus und unterbrechen spontan unser Gespräch, um einen Augenblick die tiefe Stille und Dunkelheit auszukosten. Wir sind mitten in einer Welt aus Eis, aber wie lange wird es sie noch geben?

In unseren Ländern der mittleren Breiten sind Gebirge die Hüter des Eises. Und wenn wir uns beim Betrachten der Wasserkristalle daran erinnern, wie wunderbar die Gesetze der Welt sind, die wir bewohnen, dann sollten wir auch daran denken, dass ihre durch das Hochgebirge ermöglichte Präsenz in unseren Ländern unverzichtbar ist.

Schnee und Eis sind eine Quelle des Lebens, was im Übrigen einer der Gründe für die Faszination sein dürfte, die sie auf uns ausüben.

5/
DIE GIPFELFORSCHER

»Glaubst du, dass Physiker ein besonderes Verhältnis zu den Bergen haben?«

Die Frage ist mir gekommen, als wir uns nach der Rückkehr vom Schneefernerhaus ins Tal auf der Terrasse von Hannes' Haus unterhalten. Für ihn gehören die Physik und die Berge seit frühester Kindheit wie selbstverständlich zum Alltag. Was ihn nicht daran hindert, mit den Schultern zu zucken.

»Es gibt diejenigen, die die Berge lieben und überlegen, was sie im Leben tun können, um möglichst viel von ihnen zu haben. Die Physik ist eine Lösung, denn die Berge bieten viele Möglichkeiten, auf diesem Gebiet zu forschen. Und dann gibt es noch diejenigen, die sich zum Physiker berufen fühlen und aufgrund dieser Neigung die Berge entdecken, denn sie haben ihnen viel zu sagen.«

So ganz nebenbei hat der Wissenschaftler für mich mindestens vier Jahrhunderte Wissenschaftsgeschichte zusammengefasst.

Seit langem geht die Erforschung des Gebirges mit der Entwicklung der Wissenschaft einher. Die aus den Verwerfungen der Erde gewachsenen Pyramiden ziehen die Menschen an, die – von Natur aus neugierig – die darin verborgenen Geheimnisse lüften möchten. Viele Wissenschaftler, die Hannes Vogelmann und seinen Kollegen vorausgingen, erkoren

sie für eine bestimmte Zeit zu ihrem Domizil, um den Gipfeln nahe zu sein und aus ihren materiellen, geistigen und sogar spirituellen Schätzen Erkenntnisse zu gewinnen.

Ausgestattet mit einem prometheischen Geist, erklimmen sie auf der Suche nach Inspiration und Wissen die heiligen Berge, gelehrte Abenteurer, mit deren Hilfe die Menschheit reifer und manchmal auch etwas weiser wird, weil sie besser versteht, wo ihr Platz in dieser großen Welt ist. Das ist der Grund, warum Forscher sich gern diesen außergewöhnlichen Orten widmen. Denn die Welt buchstäblich von oben zu betrachten, eröffnet zweifellos die Möglichkeit, sie besser zu verstehen. Die Geschichte der Wissenschaft, des Menschen und des Wissens um unseren Makrokosmos ist voll von Bergbesteigungen.

Der bekannte Wissenschaftsphilosoph Étienne Klein befasst sich mit dieser Beziehung der Physiker zu den Bergen. Konkret hat er sich gefragt: »Wäre die Quantenmechanik entstanden, wenn Europa komplett flach wäre?«

Dazu muss man sagen, dass viele Mitbegründer dieser Theorie Bergsteiger waren, darunter auch Einstein, der die Entwicklung einer neuen Theorie mit einer Bergbesteigung verglich. Étienne Klein, selbst ein eifriger Alpinist, sieht einen »ursächlichen Zusammenhang zwischen der Ausübung des Physikerberufs und dem Frequentieren von Hängen und Gipfeln«. Kurzum, Forschen ist das Besteigen von Bergen.

* * *

Eine der Anekdoten aus der Pionierzeit der Physik in den Bergen handelt von den Forschungen Blaise Pascals. Der Philosoph, Physiker und Mathematiker, ein Universalgelehrter des 17. Jahrhunderts, wie man sie heute nicht mehr findet, versuchte zu beweisen, dass der Luftdruck mit zunehmender Höhe abnimmt. Jede Zeit hat ihre Fragen. 1648 bittet Pascal seinen in Clermont-Ferrant wohnenden Schwager, mit einem Quecksilberbarometer bewaffnet den Berg Puy de Dôme zu erklimmen. Auf dem Weg zum 1465 Meter hohen Gipfel soll er beobachten, wie sich die Säule des flüssigen Metalls in verschiedenen Höhen verhält. Tatsächlich zeigt das Experiment, dass der Druck, wie von Blaise Pascal vorausgesagt, in der Höhe abnimmt: Je höher man aufsteigt, desto geringer wird das Gewicht der Luft. Der Gelehrte wiederholt das Experiment am Fuße und auf der Spitze der Pariser Tour Saint-Jacques, bevor er selbst zum Puy de Dôme reisen kann, um die Messungen des Schwagers zu wiederholen.

Der englische Physiker Isaac Newton bemerkt 1722 in seiner Schrift *Optik oder Abhandlung über Spiegelungen, Brechungen, Beugungen und Farben des Lichts*, dass »die Luft, durch welche wir nach den Sternen blicken, in beständigem Erzittern ist [...] Hier ist das einzige Mittel klare und ruhige Luft, so wie man sie vielleicht auf dem Gipfel der höchsten Berge oberhalb der dichten Wolken findet.« Ein einsamer hoher Gipfel mit freier Sicht ist in der Tat deutlich weniger atmosphärischen Turbulenzen ausgesetzt, wie sie vor allem in der unteren Atmosphäre auftreten. So entdecken die Sternenforscher die Berge als eine Möglichkeit, tiefer in das Universum hineinzublicken.

Mit der Erfindung und Perfektionierung des Teleskops werden bestimmte Berge gewissermaßen zum Standfuß für die stärksten Instrumente.

Die Besteigung des Mont Blanc im Jahr 1787 durch den Genfer Naturforscher Horace Benedict de Saussure und seinen Bergführer Jacques Balmat prägt sowohl die Geschichte der Wissenschaft wie auch die des Alpinismus. Der Gelehrte, der als dritter Mensch den Gipfel bezwingt, führt mehrere Messinstrumente im Gepäck mit sich und gilt als intimer Kenner des Gebirgsmassivs, das er schon seit vielen Jahren in unterschiedlicher Eigenschaft als Botaniker, Glaziologe und Mineraloge erforscht. Heute ist er vor allem dafür bekannt, dass er als Erster die Höhe des höchsten Berges Westeuropas berechnet hat, und zwar mit erstaunlicher Genauigkeit: Er kommt auf 4775 Meter und verfehlt den tatsächlichen Wert von 4809 Metern nur knapp.

Horace Benedict de Saussure misst auch den Siedepunkt von Wasser. Er liegt auf dem Gipfel des Mont Blanc bei 86,24 °C gegenüber 100 °C auf Meereshöhe. Seine Besteigung verhilft auch dem von ihm selbst entwickelten Haarhygrometer zum Durchbruch, einem Instrument zur Messung der Luftfeuchtigkeit, dessen Funktionsweise auf der Eigenschaft des menschlichen Haars beruht, sich bei zunehmender Feuchtigkeit auszudehnen und bei trockener Luft zusammenzuziehen.

100 Jahre später, 1887, verbringt der französische Wissenschaftler Joseph Vallot mit seinen Führern drei Tage und drei Nächte in einem Zelt auf dem Gipfel des Mont Blanc, um zu beweisen, dass Menschen in dieser Höhe leben, essen, schlafen und arbeiten können. Alle kehren gesund und wohlbehalten zurück.

Die Faszination der Wissenschaftler und besonders der Physiker für die Berge nimmt im 18. und 19. Jahrhundert stetig zu. Zusammen mit dem Aufschwung des Alpinismus sorgt sie dafür, dass sich immer mehr Menschen zu den einst unerreichbaren Gipfeln aufmachen. Damit ist der Weg frei für die schönsten wissenschaftlichen Verrücktheiten.

* * *

In dieser den Launen des Himmels ausgesetzten Welt aus Schnee und Fels, auf diesen einsamen Inseln der oberen Atmosphäre finden die Forscher anfangs nur in Eishöhlen Schutz oder gar in provisorischen Hütten, die sie sich vor Ort aus Schnee oder Moränensteinen bauen. Deren Einfachheit ehrt die Majestät der Landschaft: Kleine Räume dienen als Schlafplatz, Küche und Labor. Nur das Notwendigste ist vorhanden, und nichts stört die Gedanken dessen, der das Unfassbare zu begreifen sucht! Extreme Bedingungen, unter denen das Wenige viel zu erzählen hat.

Beim Blättern in Dokumenten rund um diese wissenschaftlichen Pioniertaten – in denen ich leider keiner einzigen Frau begegne – stoße ich auf einen handgezeichneten Plan. Er stellt eine Schneehöhle dar, die 1926 bei einer Expedition gegraben wurde, die Wissenschaftler zum Mönch in den Berner Alpen unternahmen, um aus größerer Höhe die kosmische Strahlung zu beobachten. Die Höhle befindet sich an der Ostflanke der Berges, direkt unterhalb des 4110 Meter hohen Gipfels. Davor steht ein Zelt, von dem ein paar Stufen zum Eingang der Schneehöhle hinabführen. Sie besteht aus einem einzigen Raum: Die eine Seite nimmt eine zwei auf zwei Meter kleine Schlafnische für drei Personen ein, die andere eine Kochstelle. Was das Messinstrument angeht, das befindet sich in dem Zelt vor dem Höhleneingang.

Ich stelle mir diese Wissenschaftler aus einer anderen Zeit vor und frage mich, was ihnen wohl bei der Begegnung mit dem Unbekannten durch den Kopf gegangen sein mag. Dort oben gab es keine Ablenkung durch die zivilisierte Welt. In ihren einsamen Unterkünften inmitten der unberührten Wildnis waren sie Wind und Wetter ausgesetzt und dieser ursprünglichen Welt sehr nahe. Der Lebenserfahrung, die sie dort sammelten, verdankten sie mit Sicherheit ebenso viele Erkenntnisse über die Welt und die Geheimnisse unserer Existenz wie den Messdaten ihrer Instrumente!

Zur damaligen Zeit begreift man schnell das Potenzial dieser Berge, die man gerade erst entdeckt hat. Dort oben gibt es ganz neue Räume zu erkunden, die bald die Massen anlocken werden. Gegen Ende des 19. Jahrhunderts baut man regelrechte Forschungszentren in großer Höhe. Überall in den europäischen Gebirgen sprießen Wissenschaftsstationen aus dem Boden. Die Zeit der Iglus und behelfsmäßigen Hütten ist vorbei. An ihrer Stelle entstehen Gebäude, mit deren Komfort man den rauen Elementen ein Schnippchen schlägt. Geforscht wird auf dem Gebiet der Meteorologie, Glaziologie und Astronomie, aber auch der Physiologie und Medizin.

Der 2877 Meter hohe Pic du Midi in den französischen Pyrenäen gilt seit dem frühen 18. Jahrhundert als hervorragender Standort für astronomische Beobachtungen. Also beschließt man in den 1870er-Jahren, für die Forscher und ihre Experimente ein Gebäude zu errichten. Die ersten Räumlichkeiten werden 1882 fertiggestellt und in der Folgezeit beständig durch weitere Bauten ergänzt – Terrassen, Kuppeln, Unterkünfte. 1907 lässt der französische Astronom Benjamin Baillaud in der ersten Kuppel eines der größten Teleskope jener Zeit installieren, mit dessen Hilfe es gelingt, die Existenz von »Kanälen« auf dem Planeten Mars zu widerlegen. Heute besitzt das Observatorium zehn dieser riesigen Kugeln, die zum Himmel hin geöffnet sind.

Ende des 19. Jahrhunderts baut der vermögende Privatgelehrte Joseph Vallot – der bewiesen hat, dass das Leben in großer Höhe möglich ist – unterhalb des Mont-Blanc-Gipfels in über 4350 Meter Höhe ein Observatorium, in dem er eine Vielzahl von Experimenten durchführt, um die besonderen Bedingungen in der Höhe besser zu verstehen. Die Station beherbergt auch einen chinesischen Salon, in dem der Forscher seine Freunde empfängt. In den 1930er-Jahren entsteht im selben Bergmassiv ein Gebäude namens Refuge des Cosmiques, das als Forschungslabor für kosmische Strahlung genutzt wird.

In Italien wird 1893 auf der Signalkuppe im Monte-Rosa-Massiv in rund 4560 Meter Höhe die Capanna Regina Margherita oder Margheritahütte errichtet. Sie trägt den Namen der Königin, die sie einweihen und darin übernachten wird. Margherita von Italien ist eine begeisterte Bergsteigerin und die erste Frau, die den höchsten Gipfel des Monte-Rosa-Massivs, den zweithöchsten Berg der Alpen, besteigt – endlich eine Frau in den Bergen, und noch dazu eine Königin! Die Hütte, die über den Alpen thront, hat der Höhenmedizin lange als Forschungslabor gedient und ist heute die höchstgelegene Schutzhütte Europas.

In der Schweiz beschließt der Geophysiker und Arktisforscher Alfred de Quervain 1912 nach seiner Rückkehr von einer Grönland-Expedition, auf dem Jungfraujoch, dem Verbindungsgrat zwischen den Bergen Jungfrau und Mönch, der damals schon über die höchste Eisenbahn Europas erreichbar war, eine Forschungsstation zu errichten. Sie wird 1931 eingeweiht. Der Bau der Eisenbahn war dabei Bedingung für die Finanzierung eines solchen Labors.

Diese außergewöhnliche Einrichtung markiert insofern einen Wendepunkt, als die meisten Höhenlabore zu Anfang nur Wissenschaftlern zugänglich sind, die bergsteigen können. Man klettert mit Skiern und Steigeisen zu ihnen hinauf. Trägerkolonnen schleppen Nachschub und Proviant, Maultiere Instrumente und Ersatzteile. Als die Stationen im Lauf der Jahre nach und nach durch Zahnrad- und Seilbahnen mit den Tälern verbunden werden, erweitert sich der Horizont der Möglichkeiten für die Forscher. Man arbeitet jetzt zu jeder Jahreszeit in der Höhe, kann das notwendige Material leichter transportieren und braucht kein erfahrener Gebirgsbewohner mehr zu sein, um nach oben zu gelangen.

Mittlerweile haben etliche Forscher diesen Observatorien den Rücken gekehrt, da sie zu sehr den Unwägbarkeiten der Witterung ausgeliefert sind. So ist es beispielsweise einfacher, auf trockenen, von Lichtverschmutzung verschonten Hochebenen in den Anden riesige Teleskope zu errichten und sogar Weltraumteleskope einzusetzen, als auf dem Dach der Alpen auf ein günstiges Wetterfenster zu warten. Doch die Stationen haben es verstanden sich umzustellen und widmen sich heute hauptsächlich der Atmosphärenforschung und den Umweltwissenschaften, die weltweit vernetzt sind und vor großen Herausforderungen stehen.

* * *

Bevor ich Hannes Vogelmann und seine geliebten Berge verlasse, muss ich ihm noch eine Frage stellen, die mir unter den Nägeln brennt. »In der ersten E-Mail, die du mir geschrieben hast, hast du von der Mystik der Berge gesprochen. Was hast du damit gemeint?«

Der Wissenschaftler schweigt einen Moment lang, bevor er antwortet. »Wenn du noch etwas Zeit hast, nehme ich dich auf einen Spaziergang mit.«

Ich trinke einen letzten Schluck Tee, ziehe meine Stiefel an und schlüpfe in meine Jacke, dann folge ich ihm, ohne groß Fragen zu stellen. Auch Hannes zeigt sich schweigsam. Aber manchmal kommt es auf Worte nicht an. Wir durchqueren zügig das Dorf und folgen dann einem Fußweg. Er führt an einer Wiese entlang, bevor er hinter den Wohnhäusern in hügeliges Gelände eintaucht. Kommt man aus der Höhe, wo Fels und Schnee regieren und jeder Ausflug alpinistische Grundfertigkeiten erfordert, tut es gut, auf einfachen Wegen durch saftiges Grün zu spazieren.

Wir sind an diesem sonnigen Spätnachmittag schon eine ganze Weile unterwegs, als der Physiker plötzlich stehen bleibt. Zu unseren Füßen, zwischen den hohen Bergen, erstrecken sich kleine, mit kurzem Gras bedeckte Hügel, hinter denen sich sein Dorf verbirgt. Vor uns ragen, in einem Winkel von über 180 Grad, steile Bergflanken in die Atmosphäre. Und über uns schwindelerregende Gipfel, die sich in den Himmel recken. Mit einem Mal wird die Landschaft felsig.

»Das ist meine Kirche«, erklärt er einfach. »Es gibt hier Berge, die noch wachsen und die aus Meeresrückständen bestehen, möglicherweise Korallen. Ich kann hier also jeden Tag eine uralte Tiefsee bewundern. Der Berg da hinten ist die Zugspitze, wo ich arbeite. Vor 4000 Jahren ist hier ein ganzes Stück Berg ins Tal gestürzt – seine Überreste verbergen sich unter unseren Füßen. Was du dort siehst, versteckt zwischen den beiden Gipfeln, ist das Höllental. Manchmal, wenn ich durchs Gebirge wandere, finde ich Granitsteine, obwohl die Berge hier aus Kalkstein bestehen. Diese Steine kommen von weit her und sind von Gletschern und Bächen hierher transportiert worden. Das alles versetzt mich in Erstaunen.«

Der Gedanke, dass die Berge Kirchen sein können, begeistert mich. Tempel, die der Verehrung der Naturgesetze gewidmet sind.

»Berge bewegen sich, verändern sich, in Zeiträumen, die unsere Lebensspanne übersteigen«, fährt Hannes fort. »Angesichts ihrer Größe und ihrer Geschichte fühlen wir uns ihnen gegenüber sehr klein. Sie sind auch gefährlich. Außerdem ist so vieles in ihnen verborgen, und das Wetter ändert sich sehr schnell. Manche Augenblicke, die ich in den Bergen verbringe, sind voller Geheimnisse, schwer zu fassen. Sie werfen so viele Fragen auf, auf die es keine Antwort gibt. Aus all diesen Gründen flößen mir die Berge Ehrfurcht ein. In ihrer Nähe zu leben, macht mich demütig und bescheiden.«

Ich höre zu, ohne etwas zu sagen. Die Kraft seiner Worte und die Echtheit seines Empfindens berühren mich. Ich bewundere die Beziehung, die ihn mit dieser Landschaft verbindet, und beneide ihn darum.

»Glaubst du, man muss die Berge und das in ihnen schlummernde Wissen verstehen, um Bewunderung empfinden zu können?«, frage ich nach längerem Schweigen.

»Es gibt ein Buch, das mir sehr gefällt. Es stammt von dem amerikanischen Physiker James Trefil: *Physik in der Berghütte.* Er erklärt darin, dass es, wie beim Musikhören, wenn man die musikalischen Regeln kennt, ein tieferes Empfinden ermöglicht, wenn man eine Landschaft im Lichte der Gesetze betrachtet, die sie geformt haben.«

Wir betrachten noch ein paar Minuten schweigend die Landschaft, dann steigen wir rasch wieder den Weg hinab. Der Nachmittag geht zur Neige, und ich würde gern abreisen, bevor die Sonne hinter den Bergen versinkt. Vor seinem Haus nehmen wie Abschied.

»Du hast die Berge also adoptiert«, sage ich zu ihm, in Gedanken noch bei unserem Gespräch.

Er lächelt. »Ich würde das Gegenteil behaupten. Sie sind es, die mich adoptiert haben. Sogar verhext. Jeder Berg hat seinen eigenen Charakter, und ich glaube, ich habe zu einigen eine echte persönliche Beziehung.«

Ich steige in mein Auto. Andere Berge warten auf mich. Ohne recht zu wissen, wohin, fahre ich weg, voller Heimweh nach einer Welt, die ich gerade erst kennengelernt habe und schon wieder verlasse. Die wenigen Geschichten, die ich hier aufgeschnappt habe, lassen mich diesen Ort lieben, und ich frage mich, ob die Berge nicht auch mich adoptiert haben. Mir ist, als hätte ich Tage hier verbracht: Manchmal wird eine flüchtige Begegnung so intensiv, dass die Zeit die Stunden dehnt. Und es wäre sinnlos, sie verlängern zu wollen.

Während der Fahrt verschwinden die Alpen am anderen Ende des Asphaltbands, und ich sage mir, dass das Leben doch aus komischen Zufällen besteht. Ist mir der Weg zu dem Institut in Garmisch-Partenkirchen und den Bergen früher verbaut geblieben, dann vielleicht deshalb, damit ich meine Recherchen reifen lasse konnte und ich Hannes nicht im Rahmen einer Doktorarbeit kennengelernt habe, sondern bei diesem Gedankenaustausch über die Berge.

Ich scheide in dem Gefühl, zum richtigen Zeitpunkt an den richtigen Ort gekommen zu sein. Denn Hannes ist heute mit etwas beschäftigt, das weit über ihn hinausreicht. Er gehört zu jenen Menschen, die, wenn sie von sich erzählen, auch von der Welt erzählen. Wenn er sich öffnet, sprechen die Berge durch ihn.

TEIL 2

DIE UNSICHTBAREN BERGE

6/ DIE KLEINE BLUME

Nach meiner Rückkehr in die Region Poitou im Westen Frankreichs, wo ich lebe, vergeht kein Tag, an dem ich nicht an die Alpengipfel und das Leben denke, das die Wissenschaftler dort oben führen. Ich habe Sehnsucht nach der Höhe, zumal die Gegend, die ich seit meiner Kindheit kenne, wahrlich nichts Schwindelerregendes hat. Sie ist zwar nicht vollkommen flach – die Landschaft besteht aus sanften Hügeln und alten Tälern –, doch die wenigen verstreuten Anhöhen bieten keine grandiosen Panoramen. Ich denke an Hannes Vogelmann: Sein Leben in der Höhe hat etwas von einer Kontemplation über die Welt, und das Schneefernerhaus etwas von einem Tempel.

Doch mein Blick auf die mir so vertraute Landschaft ist dabei, sich für immer zu verändern. Denn ich werde schon bald herausfinden, dass sich dort einstmals eine imposante Bergkette erhob. Ohne mir dessen bewusst zu sein, bin ich also zwischen den Überresten verschwundener Gipfel aufgewachsen. Und wenn sie auch hunderte Millionen Jahre nach ihrem Verschwinden nicht mehr da sind, so hören diese Berge doch nicht auf, unser Leben zu begleiten und die Geheimnisse der Welt preiszugeben.

Es ist eine kleine Blume, die mich auf die Spur dieses ehemaligen Bergmassivs bringt. Unscheinbar, wie sie ist, steht sie sinnbildlich für diese unsichtbare Welt: der Böhmen-Gelbstern.

*
* *

Da der Gelbstern nur Ende Februar blüht, sind jetzt, mitten im Herbst, nur seine Blätter auf den Felsen des Tales zu sehen, in dem ich mich befinde. Ich habe mich zu einer Exkursion dorthin aufgemacht, und Mathieu Boullant, ein junger, engagierter Naturkundler, begleitet mich dabei. Er beschreibt mir die besondere Pflanze voller Begeisterung. Sie ist die erste Blume, die mitten im Winter aufblüht, sie wird nur wenige Zentimeter hoch und sieht mit ihren spatelförmigen, gelben Blütenblättern, die zwei große, fadenförmige und gewellte Blätter umschließen, aus wie ein Miniatur-Krokus.

Der in Frankreich geschützte Böhmen-Gelbstern wächst gern allein oder in Gruppen auf genau dem felsigen Untergrund, auf dem wir heute wandeln und der seine Anforderungen bestens erfüllt. Er ist das schönste Beispiel für die geologischen Besonderheiten dieses Tales, das Mathieu wie seine Westentasche kennt, eine seltene kleine Blume, mit deren Vorkommen hier er sich beschäftigt hat, weil sie viel über den Ort verrät.

Der Gelbstern erzählt von den Bergen, die die Landschaft dieser Gegend hier prägen, denen des Armorikanischen Massivs, dessen Geschichte 300 Millionen Jahre alt ist. Es erscheint zweifellos übertrieben, sie Berge zu nennen, denn sie sind weitgehend erodiert und ähneln eher Hügeln, was wohl auch der Grund dafür ist, dass ich ihnen nie Beachtung geschenkt habe. Gleichwohl hat ihre Gegenwart einen ganzen Landstrich geformt, der durch ganz besondere geologische Merkmale gekennzeichnet ist: die Bretagne, den Westen der Normandie, einen Teil der Region Pays de la Loire und den Nordwesten von Nouvelle-Aquitaine, wo ich zu Hause bin.

Um mehr über die ursprüngliche Landschaft hier zu erfahren, habe ich mich mit Mathieu getroffen. Neben der Blume zeigt er mir noch einige andere Sehenswürdigkeiten: nichts Geringeres als die Wurzel dieser alten Berge, den Sockel des Armorikanischen Massivs, der in der Nähe seines Zuhauses zu sehen ist, unweit der Kleinstadt Thouars im Pressoir-Tal.

Das Pressoir-Tal ist ganz plötzlich am Rand des von dichten Hecken gesäumten Fußwegs aufgetaucht. Es ist ziemlich kühl hier an diesem Herbstmorgen. Die Sonne steht noch tief, und der an den steilen Hängen zutage tretende Granit schmückt sich mit rosigen Tönen. Das schmale, mehrere Dutzend Meter tiefe Tal ist durch eine Verwerfung entstanden. Ein Flüsschen durchzieht den feuchten Grund und vermittelt eine Vorstellung von dem langwierigen und langsamen Erosionswerk des Wassers, das die kleine Schlucht gegraben hat, die übrigens auch einen schönen Wasserfall beherbergt, die Cascade de Pommiers.

Der Blickwinkel, unter dem Mathieu, Physiklehrer und Hobbybotaniker, diese Landschaft betrachtet, überrascht mich. Er beschreibt mir die örtliche Geologie anhand der Flora. Beim Gang über steile Pfade deutet er auf Ginster und Stechginster, kurzwüchsige Gräser, Rosensträucher und kleine, krumme Eichen, eine Vegetation, die charakteristisch ist für saure und nährstoffarme Böden mit Granituntergrund. Mathieu zeigt mir, dass man die Landschaft auf zweierlei Art lesen kann: Die Beobachtung der Pflanzen gibt Aufschluss über die Beschaffenheit des Bodens. Damit demonstriert er, dass sich wissenschaftliche Disziplinen, auch wenn sie einander häufig ignorieren, nach wie vor gegenseitig befruchten – hier stellt sich die Botanik in den Dienst der Geologie.

In der Geschichte der Wissenschaften ist das Verständnis zahlreicher Phänomene erst dadurch möglich geworden, dass man sie aus dem Blickwinkel einer anderen Disziplin betrachtet hat. Manche subtilen biologischen Prozesse wie die Fotosynthese oder die Orientierung von Zugvögeln lassen sich beispielsweise unter Rückgriff auf die Quantenphysik erklären!

In der Agroökologie ist allgemein bekannt, dass die Übergangszonen zwischen Wäldern und Wiesen, zwischen Grünland und Teichen eine vielfältigere Vegetation aufweisen als die jeweils angrenzenden Ökosysteme. Und anhand des Artenreichtums einer geologischen Grenze zeigt mir Mathieu, dass sich hier der Sockel des Armorikanischen Massivs befindet. Denn das Pressoir-Tal, dessentwegen ich hier bin, markiert die Stelle, wo die alten armorikanischen Berge auf das Pariser Becken stoßen. Tatsächlich erstreckt sich letzteres, als Überbleibsel eines verschwundenen Meeres, auf der anderen Seite der Felsen.

Diese Grenze, die der Sockel der alten Berge markiert, ist der Lebensraum des Böhmen-Gelbsterns, jener kleinen Blume, die einem Krokus ähnelt. Die besonderen geologischen Bedingungen des Pressoir-Tals am Südostrand des Armorikanischen Massivs, wo dessen Granite und die Kalke der mehr oder weniger verwitterten Sedimentplateaus des Pariser Beckens aufeinanderstoßen, entsprechen genau den spezifischen Anforderungen des Liliengewächses. Der Böhmen-Gelbstern liebt saure Granitböden, und das nahe Kalkplateau liefert ihm nach Bedarf Kalzium und Magnesium. Sein Vorkommen verrät, dass hier zwei unterschiedliche geologische Zonen zusammentreffen, deren Eigenschaften für ihn lebenswichtig sind. Kurzum, die kleine Blume ist Beleg für die Existenz von Bergen, von denen ich bislang gar nichts gewusst habe. Und die Erforschung ihrer Geschichte, die mehrere Milliarden Jahre zurückreicht, rückt sie in ein erhabenes Licht.

* * *

In der Antike wurden die Berge personifiziert, etwa als die Gottheiten Ourea, die Gaia (die Erde) als vaterlose Kinder aus sich selbst heraus gebar, oder als der ägyptische Urhügel Benben, der aus dem Urmeer Nun auftauchte und über dem zum ersten Mal die Sonne aufging. In der Vorstellungswelt der Wikinger wurden die Berge aus den Knochen des Riesen Ymir gebaut. In Wirklichkeit sind sie aus den Bewegungen entstanden, die im Universum unablässig am Werk sind, im unendlich Großen wie im unendlich Kleinen.

Ihre Geschichte beginnt mit der Entstehung der Erde vor ungefähr 4,6 Milliarden Jahren. Im Nebel unserer Galaxie, der Milchstraße, ballen sich Gase und Staubpartikel zusammen. Dabei entstehen ein Stern – unsere Sonne – und sein Gefolge von Planeten. Die um den Stern kreisenden Staubpartikel klumpen unter Einwirkung der Gravitation immer mehr zusammen, und das Sonnensystem bildet sich. Nach und nach nimmt die Erde, ein Gesteinsplanet, Gestalt an. Die schwersten Elemente wandern nach innen und bilden einen Kern. Die Erde ist weder hohl, wie manche früher gedacht haben, noch eine Scheibe, ein erloschener Stern oder ein Komet. Sie ist eine Art Sternenfrucht, die am Gravitationsast der Sonne hängt. Der Mantel, der den Kern aus Eisen und Nickel umschließt, ist ihr Fruchtfleisch, die Haut an der Oberfläche, anfangs noch schmelzflüssig, kühlt ab und bildet bald eine harte Kruste.

Von Natur aus radioaktiv, gibt das Erdinnere eine gewaltige Hitze an die Erdoberfläche ab, deren Abstrahlung in den Weltraum eine wichtige Rolle spielt: Sie ist der Motor der Bewegungen, die den Planeten beleben, in der Tiefe wie an der Oberfläche. Tatsächlich ist die Hitze der Grund für die Konvektionsströmungen im Mantel. Letztere erzeugen das Erdmagnetfeld, das einen Schutzschild bildet, ohne den auf unserem Planeten kein Leben hätte entstehen können – er schützt besonders vor den hochenergetischen und gefährlichen Teilchen der Sonnenwinde.

Die zweitäußerste Schicht des Mantels, die Asthenosphäre, ist duktil, was bedeutet: weder flüssig noch ganz fest, sondern zähplastisch. Auch sie wird durch Konvektionsströmungen in Bewegung versetzt. Diese Strömungen zerlegen die darüber liegende Lithosphäre – die äußerste Schicht, den starren Teil des Erdmantels – in rund fünfzehn Teile, die berühmten tektonischen Platten, und versetzen sie in Bewegung. Letztlich stehen sie mit allen Phänomenen, die den Globus betreffen, ursächlich in Zusammenhang.

Der Tanz der tektonischen Platten führt dazu, dass einige miteinander kollidieren. Unter stillem Getöse, das sich über Jahrmillionen hinzieht, brechen die kontinentalen Landmassen auseinander, Gesteine verformen sich, falten und türmen sich auf, riesige Platten schieben sich übereinander: Gebirge entstehen (man nennt diesen Vorgang Orogenese). Und auch nach der Kollision der Platten heben sich die Gebirge weiter, denn ihre in den Untergrund reichende Wurzel hat eine geringere Dichte als der Mantel, auf dem sie ruhen: Hierbei wird das archimedische Prinzip wirksam, das bekanntlich dafür verantwortlich ist, dass Schiffe schwimmen können, weil das Wasser ihnen Auftrieb verleiht.

Der Geologe Didier Poncet – ein weiterer Bewunderer der Landschaften dieser Region, der unseren Blick für die Jahrmillionen öffnen will, die an uns vorüberziehen, wenn wir bestimmte Wege begehen – hat später für mich die Geschichte des Armorikanischen Massivs nachgezeichnet, und hier folgt nun, was er mir erzählt hat.

Sieht man einmal vom Ballett der Kontinente ab, ist jede Gebirgskette das Ergebnis besonderer Umstände. Hier beginnt alles vor ungefähr 350 Millionen Jahren, als die Erde nur zwei Kontinente beherbergte: Laurussia und Gondwana. Aus der Kollision der beiden entstanden der Superkontinent Pangaea und die Varisziden, ein riesiges Gebirge. Das Armorikanische Massiv bezeichnet einen der französischen Teile dieses Giganten.

Die Gebirgskette, die ihr Wachstum vor rund 300 Millionen Jahren beendet, ist mehrere tausend Kilometer lang und 700 Kilometer breit und durchzieht Europa von Osten nach Westen, vom Ural bis zum Maghreb. Einige Gipfel ragen bis 6000 Meter empor. Um mit Maurice Mattauer zu sprechen, einem französischen Geologen, der die Varisziden mit dem Himalaya vergleicht: Damals gibt es einen Mount Everest bei Lyon, einen Annapurna bei Clermont-Ferrand und ein Tibet anstelle des Pariser Beckens!

Dann wird die Gebirgskette, noch während sie weiter wächst, unter dem Einfluss von Wind, Wasser und Schnee zigmillionen Jahre lang abgetragen, und Pangaea bricht auseinander. Dadurch verlieren die Varisziden vor 200 Millionen Jahren einen Großteil ihrer Majestät, und der Superkontinent hört auf zu existieren: Ein neuer Ozean, der Atlantik, öffnet sich, der bald Nordamerika von Europa trennen wird. Dabei nimmt er einen Teil der riesigen Gebirgskette mit, die zukünftigen Appalachen.

In der Folgezeit werden die europäischen Gebiete regelmäßig von Ozeanen überschwemmt, die dort Sedimente ablagern. Und immer wenn das Wasser sich wieder zurückzieht, ist das Land langen Erosionsperioden unterworfen. Jahrmillionen lang stapeln sich so geologische Schichten übereinander. Anhand der Zusammensetzung dieses Untergrunds und seiner aufeinanderfolgenden Ablagerungen sind Fachleute heute in der Lage, die Ereignisse nachzuzeichnen, die ein Gebiet geprägt haben.

Vor etwas mehr als 100 Millionen Jahren, als der Atlantische Ozean sich immer weiter öffnet und die Appalachen immer weiter davondriften, schließt sich ein anderer Ozean, der weniger bekannt ist: der Penninische Ozean. Bald darauf kollidiert die ozeanische Platte gleichen Namens – die Penninische Platte, die einen Teil Europas trägt – mit der Apulischen Platte, die sich von der Afrikanischen Platte getrennt hat. Mit anderen Worten: 200 Millionen Jahre nach den Varisziden findet im Herzen des europäischen Kontinents eine neue Orogenese statt und baut die Landschaft um: Die Alpen entstehen.

Die Alpen sind ein sehr junges Gebirge. Dennoch tragen sie das Erbe der Vergangenheit in sich. Denn bei ihrer Entstehung wird ein Teil der Überreste früherer Gebirge umgestaltet: In den Alpengipfeln stößt man auf variszische Gesteine und auf Teile ozeanischer Platten, die nicht durch Subduktion, also durch Abtauchen in den Erdmantel, verschwunden sind. Im Übrigen belegen die Fossilien, die man in der Höhe findet und die auch Hannes Vogelmann erwähnt hat, dass das Gebirge nach der Schließung eines Ozeans entstanden ist.

Kurzum, meine Heimatregion beherbergt – zusammen mit der Bretagne, der Normandie, den Vogesen und dem Zentralmassiv – die Trümmer der einstigen Felskathedralen der Varisziden. Und es ist der Böhmen-Gelbstern, der auf ihren Überresten gedeiht und die Erinnerung an die Geschichte dieser außergewöhnlichen Berge wachhält.

*
* *

Anschließend führt mich Mathieu auf einen kleinen Felsvorsprung, der einen herrlichen Ausblick auf die kontrastreiche Landschaft bietet. Der Wind weht hier oben ein wenig kräftiger, doch für das Panorama nehme ich das gern in Kauf. Auf der einen Seite erstrecken sich zu Flachland gewordene Sedimentplateaus, deren Fruchtbarkeit großflächigen Getreideanbau begünstigt. Siedlungen gruppieren sich dort traditionell um alte Quellen, denn Wasser ist rar, da es tief in die Kalkböden einsickert. Auf der anderen Seite macht die karge Hügellandschaft des ehemaligen Massivs mit ihrem wirren Auf und Ab Ackerbau unmöglich. Die Siedlungen liegen verstreut, denn dank der Granitböden – dem Vermächtnis des alten Gebirges – gibt es Wasser im Überfluss. Dieses Land eignet sich für Tierhaltung. Es ist in Weiden aufgeteilt und von zahlreichen Hecken durchzogen, die eine Art Mosaik bilden. Man nennt diesen Landschaftstyp Bocage.

Die Hecken stehen zwar sinnbildlich für diese Art der Landschaft, doch ebenso charakteristisch für den Bocage sind seine Wäldchen, die Weiden, die die Wasserläufe im Talgrund säumen, sowie eine nachhaltige Bewirtschaftung der Vegetation. Die Beschneidung bestimmter Bäume zur Gewinnung von Brennholz und Viehfutter – bei der in recht großer Höhe ein Teil des Stamms oder Hauptäste absägt werden, damit neue Zweige austreiben – verleiht ihnen monströse und fantastische Formen. Die Heckenlandschaft erleichtert die Wasserbewirtschaftung in Feuchtgebieten und fördert zudem die Biodiversität durch die Vielfalt ineinander verschachtelter Ökosysteme. Sie ist ein Zeugnis für die traditionelle Anpassung unserer Gesellschaften an die örtlichen geologischen Gegebenheiten und für die starke Abhängigkeit des Lebens von den Eigenschaften des Bodens. Die Schönheit und die Vorzüge dieses Landschaftstyps werden allmählich erkannt, wie der Bocage hier in der Morvan-Region zeigt, der durch einen regionalen Naturpark geschützt wird.

Bei heißen Getränken unterhalte ich mich mit Mathieu, der mich durch diese Landschaft führt, und seiner Freundin über ihre verschiedenen Projekte. Die Natürlichkeit, Spontanität und Herzlichkeit des Gesprächs sind eine Wohltat. Mit einem Mal wird mir bewusst, dass ich bei diesem naturkundlichen Ausflug, bei der Beschäftigung mit der Realität einer Region, mehr als nur den Sockel einer alten Gebirgskette entdeckt habe: Die Begegnung mit Mathieu hat mir die Tür zu einer anderen Welt geöffnet, deren Bedeutung ich nicht ahnte – zu den lokalen Netzwerken von Naturforschern, die zwar nicht in renommierten Einrichtungen arbeiten, aber jeden Pfad, jeden Stein und jede Pflanze in der Region kennen, in der sie leben. Diese unbekannten Naturliebhaber leisten einen wichtigen Beitrag zur Forschung und Wissensvermittlung. Ihre Wissenschaft findet nicht in einer Großstadt oder in einem Labor statt, sie ist bescheidener und weniger prestigeträchtig, hat aber einen direkten Bezug zu ihrem Gegenstand, zu der Welt, die sie zu entschlüsseln sucht. Sie ist vor Ort mit den komplizierten Details der Realität konfrontiert, für deren Verständnis ein paar physikalische Gesetze, die man aus Büchern gelernt oder von der Tafel abgeschrieben hat, nicht ausreichen.

Mathieu meldet sich Ende Februar wieder bei mir und lädt mich zu einem erneuten Ausflug zur Blüte des Böhmen-Gelbsterns ein. Und so bin ich wieder hier, auf den Felsen des engen Pressoir-Tals, um mit eigenen Augen zu sehen, wie das Liliengewächs blüht. Irgendwo in einer Nische zwischen flechtenbedeckten Felsen, auf einem Pionierrasen, sprießt der

Gelbstern inmitten seiner Pflanzengesellschaft, bestehend aus Kielwegerich, Fels-Fetthenne, Nacktstängeligem Bauernsenf und Echtem Venusnabel. Mit Verwunderung stelle ich fest, dass die kleine gelbe Blume wirklich winzig ist.

»Enttäuscht?«, scherzt Mathieus Freundin.

»Vor allem erstaunt. Die Blume ist noch kleiner, als ich sie mir vorgestellt habe.«

Der Naturforscher hatte sie mir genau beschrieben, und ich hatte mir Fotos angesehen, die sie aus jeder Perspektive zeigten, doch hier wird mir klar, dass kein Buch, kein Foto und kein Film die Entdeckung der Welt durch das Erleben vor Ort ersetzen kann.

* * *

Seit meiner Begegnung mit dem Böhmen-Gelbstern und der Geschichte dieser kleinen Blume, die von verschwundenen Bergen erzählt, hat sich mein Blick auf die Landschaft meiner Region verändert.

Ozeane öffnen sich auf der Erde, andere schließen sich, Berge wachsen empor und erodieren. Um die Natur zu begreifen, die uns umgibt und prägt, müssen wir die Vergangenheit mit in den Blick nehmen. Sie ist ein unverzichtbares Hilfsmittel, um die Gegenwart zu verstehen und die Zukunft zu planen. Wenn wir sie in unsere Beziehung zur Welt mit einbinden, erleben wir zudem, wie sich die Landschaften um uns herum mit einer unermesslichen Tiefe schmücken. Mit der Tiefe der Zeit.

Als ich einem Freund von meiner Entdeckung des alten erodierten Bergmassivs erzähle, das die Landschaft des Bocage, in der ich lebe, geprägt hat, komme ich begeistert zu dem Schluss, dass ich irgendwie im Gebirge wohne. Er fängt an zu lachen und erwidert, dass er selbst dann im Meer wohne, denn seine Region sei vor zigmillionen Jahren von einem Ozean bedeckt gewesen. Die Vorstellung amüsiert mich. Es stimmt ja, die Hügel um mich herum sind nicht die Alpen! Trotzdem gehören sie zur Geschichte früherer Gebirge und zeigen, dass diese natürlichen Pyramiden aus Fels keine starren Gebilde sind: Im Laufe der Zeit erheben sie sich, nutzen sich ab, erscheinen und verschwinden wieder von der Erde. Das ist der Grund, warum ich aus geologischer Sicht in einer Gebirgsgegend wohne, die die Landschaft der Region prägt. Letztere trägt die Erinnerung an die ehemaligen Massive in sich, sie ist ihr Erbe. So bemerkt der Schriftsteller Anatole Le Braz: »Diese Berge, die keine mehr sind, erinnern sich, welche gewesen zu sein. Noch in ihrer gegenwärtigen Mittelmäßigkeit bewahren sie sich etwas Stolzes und Wunderbares, das es verbietet, sie zu bloßen Hügeln herabzustufen.«

Der Blick in die Tiefen der Zeit führt meinen Freund auf den Grund des Meeres und mich hinauf zu den Gipfeln, und das ist schön so, denn wir sind Durchreisende in einer in stetem Wandel begriffenen Welt. Und ich fange an, die verschwundenen Berge zu lieben, deren Geschichte in der Landschaft meiner Kindheit nachwirkt.

7/ IM GARTEN DER RIESEN

Dieser Ort gehört zu jenen, die ich gern jedem zeigen würde und gleichzeitig niemandem. Es ist ein kostbarer Ort, abgelegen und zauberhaft. Eigentlich möchte ich nur eines: ihn schützen, damit er seine Ursprünglichkeit und seine Geheimnisse bewahrt.

Der Zugang ist schlecht beschildert, und das ist vielleicht besser so. Auf den ersten Metern verliert sich der Wanderweg im Gestrüpp, das sich erst ein Stück weiter am Waldrand lichtet. Später führt der Pfad einen kleinen Hang hinab, und da und dort kommt zwischen den Winterlinden, eine hier in der Gegend eher seltene Art, Granitboden zum Vorschein. Schließlich tauchen in einem schmalen, nicht sehr tief eingeschnittenen Tal zwischen Hügeln Felsblöcke unter den Bäumen auf. Dicht nebeneinander und stellenweise übereinander liegend, überraschen sie durch ihre Anzahl. Am erstaunlichsten bleibt jedoch ihre ovale Form.

In der Region selbst nennt man diese mächtigen Granitkugeln »Chirons«, nach dem Zentauren Cheiron aus der griechischen Mythologie, der für seine Weisheit und seinen Kenntnisreichtum bekannt ist. Ob diese Felsblöcke nicht auch ein paar Geschichten zu erzählen haben? Zu Hunderten liegen sie im Gelände herum wie riesige Murmeln. Der Erzähler Yannick Jaulin sieht darin einen Garten von Riesen, die aus irgendeinem Grund ihr Spielzeug zurückgelassen haben.

Im Winter wirkt dieser Ort noch schöner. Wenn die zwischen den Felsblöcken wachsenden Bäume kahl sind und nur noch ein paar verwelkte Blätter an den Ästen hängen, wenn der Himmel sich in ein tristes Grau hüllt und Moos die Felsen bedeckt. Ich weiß nicht, ob ich schon einmal um diese Jahreszeit hier gewesen bin. Sie ist vielleicht die schönste, um das Granit-Felsenmeer zu erkunden. Das Moos überzieht die Chirons mit einem leuchtenden Grün, das die Kontraste zwischen den Formen verstärkt. Farne schmücken einige von ihnen, und auch ein paar Exemplare des Venusnabels, einer kleinen Pflanze, deren Schildblätter an einen Bauchnabel erinnern, leisten den Pionierpflanzen Gesellschaft.

Seit ich den Böhmen-Gelbstern kenne, jene kleine Blume, die mich mit dem Sockel des Armorikanischen Massivs bekannt gemacht hat, durchstreife ich die Region, in der ich lebe, auf der Suche nach weiteren Spuren des alten Gebirges. Und nach und nach entdecke ich, dass seine geisterhafte Präsenz in den Besonderheiten weiterer Landschaften zum Ausdruck kommt, so wie hier im Felsenmeer bei Largeasse. Es entstammt denselben Wurzeln wie der Bocage.

Ich springe von einem Chiron zum anderen und gelange so an einen kleinen Fluss, der sich unterhalb der Granitblöcke mehrere hundert Meter hinzieht. Um diese Jahreszeit führt er viel Wasser. Die Strömung ist stark, und die Baumwurzeln, die in dem kleinen Wasserlauf die Felsen umranken, glitzern im schräg einfallenden Winterlicht. Mitten in diesem wilden, ursprünglichen Felsenmeer, das – auch Granitchaos genannt – fernab vom Massentourismus kaum jemanden interessiert, ist es leicht, in die Tiefen der Zeit einzutauchen. Ich gehe spazieren und halte nach den verschwundenen Bergen Ausschau, die mittlerweile jeden meiner Schritte begleiten.

*
* *

Granit ist ein Gestein, das im Verlauf mehrerer Jahrtausende im Erdinnern bei der Kollision oder Subduktion tektonischer Platten langsam auskristallisiert: Seine Entstehung hängt mit der Hebung der regionalen Erdkruste zusammen. Die Granite wurden zusammen mit ganzen Berglandschaften nach oben gedrückt. Sie traten zutage, als die darüber liegenden Gesteine vollständig erodiert waren. Das ist der Grund, warum sie im Gâtine-Tal, wo ich spazieren gehe, so zahlreich sind: Der Zahn der Zeit hat die Spitze des Armorikanischen Massivs abgenagt und die Strukturen freigelegt, die früher tief unten den Sockel dieser Berge bildeten.

Granitmassen werden auf natürliche Weise von Kluftnetzen zerlegt, in die Regen- und Sickerwasser eindringt, das sich dort staut. Das leicht saure Wasser greift das Gestein und seine Minerale an, führt zu Veränderungen entlang den Klüften und erodiert hauptsächlich die Kanten der Blöcke, die sie begrenzen. Der Granit, zusammengesetzt aus den drei Mineralen Feldspat, Glimmer und Quarz, verwittert und zerbröckelt. Feldspat und Glimmer fallen auseinander, Quarz wird zu Sand. Es entsteht Granitgrus.

Im Lauf der Jahrmillionen erweitern sich die Alterationszonen, und die Granitblöcke im Untergrund werden abgerundet. Dichte und Raster des Kluftnetzes entscheiden über die Größe und Form der Blöcke, aber auch die Veränderlichkeit des Granitmaterials – manche feinkörnigen Granite sind beständiger gegen die Einwirkung von Wasser – und die örtliche Topographie spielen eine Rolle. Ein Hang ermöglicht die Versetzung einer großen Zahl von Blöcken auf den Talgrund, wo Fließgewässer den Zerfall des Gruses beschleunigen und übereinander gestapelte Blöcke zurücklassen. Die Chirons des Felsenmeers, durch das ich spaziere, sind also Zeugnisse einer langsamen und langwierigen Veränderung der Landschaft.

* * *

Bei der genaueren Erkundung der Region Gâtine Poitevine, in der sich auch mein Zuhause befindet, mache ich die Entdeckung, dass die alten Berge auch ein Hort von Legenden sind und dass dort, wo ich ihrer Vergangenheit nachspüre, die Menschen sich auch für andere Geschichten interessieren. Die von den Kobolden, die zwischen den Chirons wohnen, und die von den verschwundenen Riesen.

Dem rauen Landleben, wie man es hier in den vergangenen Jahrhunderten führte, ist die Lust am Imaginären bekanntlich nicht fremd. Vom altfranzösischen *guastine* für unwirtliches Gebiet abgeleitet, bezeichnet Gâtine ein Land der verdorbenen Böden. Bis ins 19. Jahrhundert werden die Region und ihre Menschen im Gegensatz zu den Bewohnern des Flachlands verachtet. Ihr Ruf hängt mit der natürlichen Umgebung zusammen. Karge und schwer zu bestellende Böden, landwirtschaftlich nicht nutzbares Heideland, Hänge, die häufig mit Granitblöcken übersät sind, und feuchte, sumpfige Wiesen schaffen schwierige Lebensbedingungen.

»Die Gâtine ist der ideale Nährboden für Geschichten«, erklärt mir Violette mit ernster Miene. »Denn die entspringen dem felsigen Land.«

Die Augen der jungen Frau leuchten. Sie ist Märchenerzählerin in der kleinen Gemeinde Pougne-Hérisson im Herzen der Gâtine, und ich habe mich mit ihr getroffen, um die anderen Geschichten zu hören, die sich um die Steine ranken. Die verschiedenen Arten, die Welt zu begreifen, können sich gegenseitig nur ergänzen und befruchten. Ich bin gespannt, was ich von den lokalen Legenden über die Chirons noch über diese Landschaft lernen kann.

»Ich will dir die Legende erzählen, die hier, in Pougne-Hérisson, ihre Wurzeln hat«, schlägt mir Violette vor. »Sie handelt vom Nabel der Welt.«

Der »Nabel der Welt« ist ein Chiron, der mitten im Dorf hinter dem Schloss zu bestaunen ist. Er ist nicht der größte, sticht aber durch seine markante Form hervor.

»Nach der mythischen Urknalltheorie«, beginnt sie, »haben die Geschichten seit jeher in der Substanz des Universums existiert. Als die Erde entstand, wurden sie in der Materie eingeschlossen. Doch eines Tages sind hier, an diesem Ort in der Gâtine, alle Mythen, Geschichten und Gefühle hervorgeschossen wie eine Feuergarbe, denn sie hatten das Bedürfnis, sich auszudrücken. Wie Samenkörner wurden sie über das Land verstreut, gingen in Hohlwegen nieder und härteten dort in Form der Chirons aus. Jeder von ihnen enthält Geschichten. Der Nabel der Welt ist die Stelle, wo die Garbe hervorbrach, der sichtbare Teil des Märchenschatzes, den er überragt und der noch immer einen Großteil der noch lebendigen Geschichten birgt. Deshalb hört man sie dort, am Nabel der Welt, am besten.«

Wie Violette weiter erzählt, kam dann die Zeit der Riesen. Angelockt von den Geschichten, formten sie die Landschaft, indem sie auf der Suche nach Legenden die Erde umgruben und die Chirons zu anderen Horizonten trugen. Dann verschwanden sie. Später, im Mittelalter – dem goldenen Zeitalter der Geschichten –, als Pougne-Hérisson an der Salzstraße lag, kamen zahlreiche Gaukler und Schausteller hier durch, kratzten an den Granitblöcken, sammelten Geschichten und zogen mit ihnen weiter. Und tatsächlich: Wenn man an dem Stein reibt, wie es mir die Märchenerzählerin beschreibt, wenn man aufmerksam lauscht und die Fantasie hellwach ist, kann man sie hören.

Ich erliege sofort dem Charme der Legende und bin begierig darauf zu erfahren, inwieweit diese von Menschengeist erdachten Mythen die geologische Geschichte widerspiegeln. Pougne-Hérisson betreibt heute einen Park und ein Museum rund um diese Legende. Violette ist dort tätig und ein Beleg für unser Bedürfnis, Geschichten zu hören und zu erfinden.

*
* *

Inspiriert von der Legende um den Nabel der Welt, versuche ich mehr herauszufinden und stelle dabei fest, wie sehr geologische Kuriositäten, die durch die Abtragung von Gebirgen entstanden sind, die Fantasie der Menschen beflügelt haben. Ich denke dabei besonders an die Karstlandschaften: Ihre spektakulären Bauwerke beherbergen magische Orte und ungewöhnliche Wesen. Denn Kalk ist das Gestein der zerklüfteten Formationen – Schluchten, Feenkamine, Strudeltöpfe, Krater und Steinwälder, Karrenfelder, Kalktuffquellen usw. –, aber auch der Riesen.

Die geschickten Hände, die diese Märchenlandschaften formen, sind nichts anderes als die Kräfte der Erosion. Kalke verwittern von allen Gesteinen am schnellsten. Im Unterschied zu Granit, der tief in der Erde entsteht, sind sie nicht kristallin. So bildet sich beispielsweise ein Strudeltopf an der Erdoberfläche aus Kalkgestein, das von Fließwasser ausgehöhlt wird, bis ein Trichter entsteht, der die Strudelbewegung des Wassers weiter verstärkt. Vom Wasser transportierter Sand und Kies schleifen das Grundgestein ab und vertiefen die Aushöhlung, bis der Topf schließlich ein wunderbares Naturbecken mit kristallklarem Wasser bildet.

Kalk ist aus den Ablagerungen auf dem Grund alter Meere entstanden, aus Muscheln und den Skeletten der Meeresbewohner. Diese Sedimentgesteine sind von unzähligen kleinen Hohlräumen durchsetzt: Sie sind porös und lassen Sickerwasser durch. Außerdem ist Kalk wasserlöslich. Eindringendes Wasser schwemmt gelöstes Gestein fort und wäscht Hohlräume aus. Nach und nach bilden sich so Strukturen heraus, die wir als Karst bezeichnen.

Karstlandschaften besitzen bedeutende unterirdische Gewässernetze mit zahlreichen Höhlen und Klüften. In Frankreich gibt es davon eine Vielzahl, darunter den berühmten Gouffre de Padirac im Départment Lot oder auch die Grotten von La Balme im Vercors-Gebirge. In den Höhlen gedeihen seltsame Kreaturen, die kein Licht zum Leben brauchen. So begegnet man dort einem kleinen Geschöpf von der Größe einer stattlichen Eidechse, dessen äußere Kiemen Flügeln ähneln: der Grottenolm, dessen wissenschaftlicher Name Proteus an den Meeresgott der griechischen Mythologie erinnert. Er ist ein in unterirdischen Gewässern lebender Schwanzlurch mit beigefarbener und leicht rosiger Haut wie der des Menschen. Dieses Tier wird in der Finsternis bis zu 100 Jahre alt.

Der angestammte Lebensraum des Grottenolms sind die Karsthöhlen der Dinarischen Alpen, insbesondere in ihrem slowenischen Teil. Das kleine Tier hat in diesem gebirgigen Land eine große symbolische Bedeutung. In der Höhle von Postojna, seiner natürlichen Umgebung, hat er meine Kinder beeindruckt und zu Hause noch jahrelang die Legende genährt, wonach es Drachen wirklich gebe. Die kilometerlangen, verzweigten Höhlen, die das Wasser über Jahrmillionen hinweg in die Sedimentablagerungen aus Kalk gegraben hat, beherbergen Kaskaden von Stalaktiten und Wälder von Stalagmiten, in denen der Minidrache Zuflucht gefunden hat. Er ist heute auch in Frankreich zu beobachten, besonders in der Höhle von Clamouse, mitten in den Schluchten des Hérault.

Allein durch das Phänomen der Auflösung wirkt die Chemie in der Tiefe und schafft lichtlose Lebensräume wie den des slowenischen Grottenolms. Calciumcarbonat, Bestandteil des Kalksteins, verwandelt sich beim Kontakt mit kohlensäurehaltigem Wasser in wasserlösliches Calciumhydrogencarbonat. Diese chemische Reaktion ist übrigens reversibel: Sinkt der Kohlensäureanteil im Wasser, fällt das Bicarbonat aus und setzt sich als Calciumcarbonat ab. Da Wasser in der Natur mehr oder weniger Kohlensäure enthält, schafft es, wenn es durch die porösen und rissigen Kalksteinmassive rieselt, im Laufe der Jahrmillionen kunstvolle, unterirdische Landschaften, gegraben durch die langsame Auflösung des Kalks im Wasser und geformt durch die Ablagerungen von Calciumcarbonat. Wasser, das von den Höhlendecken tropft, lässt Stalaktiten und Stalagmiten wachsen. Rinnt es die Wände hinunter, hängt es dort »Vorhänge«

auf, zirkuliert es am Boden, bildet es elegant geschwungene Sinterbecken aus, die langsame unterirdische Wasserläufe aufstauen.

Allein das Einwirken von Wasser auf das Gestein über die Zeit prägt diese Landschaften und erschafft ein natürliches Kunstwerk, das keine Menschenhand benötigt und dessen Urheberin die Erosion ist. Für eine künstlerische Arbeit, die völlig zweckfrei nur den Gesetzen folgt, die unsere Welt regieren.

* * *

Die Abtragung der Berge und die Gestaltung der Landschaft resultieren letztlich aus drei Hauptfaktoren: aus der Natur der Gesteinsschichten, aus denen sie bestehen, aus den tektonischen Bewegungen, die sie anheben und anordnen, und schließlich aus der Dynamik der Erosion, die abhängig ist von Klima und Wasser, das, in flüssigem wie gefrorenem Zustand, das Material bewegt und formt. Nicht zu vergessen den Einfluss von Lebewesen.

In der Regel fängt es mit den Gletschern an: Die Gletscherzunge, die unter ihrem eigenen Gewicht langsam den Berg hinabfließt, führt Geröll mit sich. Letzteres wirkt selbst auf die Landschaft ein, die es durchwandert, und hobelt sie ab. Wenn die Gletscher sich eines Tages zurückziehen, hinterlassen sie Moränen, die aus dem von ihnen transportierten Material bestehen.

Von Gletschern und starken Regenfällen gespeistes Oberflächenwasser kann an steilen Hängen leicht Sturzbäche bilden. Das talwärts schießende Wasser reißt verwittertes Gesteinsmaterial mit und spült Rinnen in die Hänge, dies umso mehr, als die Vegetation spärlich ist. Die Wassermenge dieser Sturzbäche kann enorm sein und zeitweise an die von Flüssen heranreichen. Daher können sie große Materialmengen mit sich führen und vertiefen so die Täler auf ihrem Weg.

Das Wasser dringt auf seinem Weg in die von tektonischen Bewegungen verursachten Klüfte und Risse im Gestein ein. Wenn es gefriert, dehnt es sich aus und übt einen stärkeren Druck aus: Wie ein Metallkeil, der mit Hammerschlägen in Holz getrieben wird, sprengt es die robustesten Felsen. Auf den Berggipfeln führen Frost- und Tauzyklen, Wind und Schnee dazu, dass die Grate verwittern, abbröckeln, abgeschliffen und poliert werden.

Weiter unten am Berg dringen Wurzeln von Pflanzen in die Risse ein. Manche sondern zudem saure Substanzen ab, die das Gestein verändern. Regenschauer prasseln auf den Boden nieder. Jeder Tropfen ist ein Projektil, das aus dem härtesten Gestein winzige Teilchen austreibt.

Die Erosion trägt auf diese Weise alle tausend Jahre bis zu zwei Zentimeter von den Kontinenten ab, in Höhenlagen zehn Mal so viel. Später, wenn die Berge vollständig abgeschliffen sind, bleiben nur noch die alten Fundamente der Felskathedralen: die aus Granit bestehenden Überreste.

*
*   *

Während ich zwischen den Granitblöcken, Linden und Moosen umherstreife, kommt mir die Erinnerung. Diese Landschaft der hier verbreiteten Felsenmeere ist mir seit Ende der 1980er-Jahre vertraut, als breite Teile der lokalen Bevölkerung gegen eine hier geplante Atommülldeponie demonstrierten. Ich war zehn Jahre alt, als die französische Behörde für die Entsorgung und Endlagerung nuklearer Abfälle (ANDRA) die Absicht bekundete, in der Region geologische Untersuchungen durchzuführen, um eine unterirdische Endlagerstätte für langlebige radioaktive Abfälle einzurichten – langlebig bedeutet in diesem Fall mehrere hunderttausend Jahre. Tatsächlich existiert hier im Untergrund ein riesiger, mehrere Kilometer dicker Granitstock, der sich über annähernd 250 Quadratkilometer erstreckt. Die ANDRA wollte mit ihren Erkundungen feststellen, ob diese von Natur aus wenig durchlässige geologische Formation auch wenige Risse und Klüfte aufwies und somit wenig anfällig für mögliche Leckagen war, und wenn ja, ob sie sich für die unterirdische Lagerung von Abfällen eignete.

Die Bevölkerung machte dagegen mobil. Jedes Mal, wenn die ANDRA vor Ort Erkundungen durchführen wollte, marschierten die Menschen auf und blockierten den Zugang. Mehrere Jahre lang nutzten tausende Projektgegner die Felsenmeere aus Granitblöcken für gewaltfreie Versammlungen und Feste.

Ich bin Physikerin und daher mit der Physik des Atomkerns und seinen inneren Kräften durchaus vertraut. Die Grundlagenforschung, die uns die Geheimnisse der Materie offenbart, ist faszinierend. Dennoch bleibt die Nutzung der Kernenergie problematisch. Ganz abgesehen von der Atombombe sind die Gefahren, die von Kernkraftwerken ausgehen, real, wie uns die Katastrophe im japanischen Fukushima in Erinnerung gerufen hat. Es gibt keine Sicherheit vor Naturkräften, die für uns nicht beherrschbar sind und riesige Flutwellen auslösen und Berge heben können. Wir sind nicht einmal in der Lage, uns vor dem Wahnsinn der Menschheitsgeschichte schützen. Wer weiß, wie unsere Zivilisation morgen aussehen wird?

Hinzu kommt das gravierende Problem der Atommülllagerung. Langlebige, radioaktive Abfallstoffe geben Jahrtausende lang – im Fall von Neptunium 237 sogar Jahrmillionen lang – eine hohe Konzentration gefährlicher, ionisierender Strahlung ab. Daher müssen sie so lange von der Biosphäre isoliert werden, bis die verbliebene Radioaktivität harmlos wird, beispielsweise dadurch, dass man sie in tiefen, stabilen Gesteinsschichten entsorgt und durch natürliche und künstliche Barrieren von der Umwelt abschirmt.

Trotzdem ist dieser Atommüll weder vor den Wechselfällen der Geschichte noch vor Naturkatastrophen geschützt, die grundsätzlich, und ganz besonders langfristig, kaum vorhersehbar sind. Der Untergrund ist kein starres Gebilde: Geologische Veränderungen könnten die Endlagerstätte ernsthaft gefährden.

Die Zerfallsdauer dieser Art von Müll entspricht der Zeit, in der Gebirge sich langsam erheben oder erodieren, Meere sich nach und nach öffnen oder schließen, Gletscher heranwachsen, Vulkane erwachen. Niemand kann garantieren, dass diese Abfälle nicht irgendwann im Verlauf ihrer langen Lagerzeit durch Lecks Radioaktivität freisetzen und das Grundwasser, die Luft und die gesamte Umwelt verseuchen. Es erscheint mir völlig verantwortungslos, den künftigen Generationen diese Atommüllkippen zu hinterlassen, zumal wir überhaupt nicht wissen, wie die Zukunft unserer Welt aussehen wird.

Die Zerfallszeit dieser langlebigen Atomabfälle ist zudem unvereinbar mit dem menschlichen Gedächtnis, das durch Legenden und Märchen verkörpert wird: Das verdeutlichen die Arbeiten rund um die Genealogie von Mythen, namentlich die des Anthropologen Julien d'Huy, die zeigen, wie sich die Wurzeln bestimmter Mythen seit mehreren Jahrtausenden parallel zu den Wanderbewegungen der Menschen auf dem Planeten entwickeln. Wie wohl die Mythen und Visionen der Welt in ferner Zukunft aussehen werden?

In der Region Gâtine haben die Menschen für den Schutz ihrer Umwelt gekämpft. Die nationale Behörde für die Entsorgung und Endlagerung nuklearer Abfälle ist wieder abgezogen. Gestärkt durch diesen Kampf hat die lokale Bevölkerung, wie ich glaube, auch den Wert ihrer Landschaft und die Schönheit der Bocage-Gebiete wiederentdeckt. Der Fortschritt mag in diese Regionen, die in der Geschichte Frankreichs lange als rückständig galten, noch nicht eingezogen sein. Dafür bieten sie eine reichhaltige Vorstellungswelt, die gespeist wird von den Felsenmeeren aus Granit, den Feuchtwiesen, den Hohlwegen und den struppigen Hecken. Diese Sicht auf die Landschaft hat die Legende vom Nabel der Welt hervorgebracht und innerhalb weniger Jahrzehnte die Mythen der lokalen Kultur zu neuem Leben erweckt. Durch sie lebt ein Gebirge weiter.

8/ SCHWINDELERREGENDER OZEANBODEN

Meine Beziehung zu den alten Gebirgen hat sich vertieft. Wir sind uns nähergekommen. Dem Beispiel der Geologen folgend, lerne ich, ihre Geschichte in der Landschaft zu lesen. Als wären sie eine Doppelseite in einem großen Pop-up-Buch, die plötzlich eine säuberlich aus dem Papier geschnittene, dreidimensionale Welt offenbart. In der Wirklichkeit liefern die geschwungenen und schroffen Linien der Landschaft, ihre Fülle oder Kargheit und die Zusammensetzung der Gesteine genug Hinweise, um die geologische Chronik eines Ortes zu rekonstruieren. Doch die Spuren bestimmter Gipfel werde ich niemals sehen können. Denn sie befinden sich unerreichbar 20 000 Meilen unter dem Meer.

Es ist ein Kunstwerk, das mich mit ihnen bekannt gemacht hat, eines von diesen Werken, die besonders gut von der Wissenschaft und der Welt erzählen. Als ich auf der Suche nach Landkarten im Internet stöberte, stieß ich auf ein Gemälde, das eindeutig unter diese Kategorie fällt. Die Farbabstufungen, das Spiel von Licht und Schatten und vor allem die Herausarbeitung der Details verraten die Virtuosität des Künstlers und zeigen Berge und Täler einer Welt, die der Fantasie eines Jules Verne oder Sir Arthur Conan Doyle entsprungen sein könnten. Denn was das Gemälde darstellt, ist die von langen Gebirgsketten durchzogene Landschaft der Tiefsee.

Das von Hand gemalte Panorama hat mich auf Anhieb fasziniert. Es zeigt die Senken und Erhebungen auf dem blauen Planeten, doch im Unterschied zu anderen Karten stellt es nicht nur das Relief der Landflächen, sondern auch der Meeresböden dar. Ich entdeckte bei dieser Gelegenheit von Neuem, dass Gebirgszüge keine Bsonderheit der Kontinente sind. Und die Beschaffenheit und Schönheit dieser entlegenen – und bis ins 20. Jahrhundert unerforschten – Unterwasserwelt versetzen den Betrachter in Erstaunen.

Auf der Karte sind die Gebirgszüge auf dem Festland und ihre Höhenunterschiede durch Farbabstufungen von Orange nach Braun und Rot dargestellt, die Unterwasserreliefs dagegen sorgfältig in blaugrauen Farbtönen gehalten. Die Anordnung der Festlandmassive scheint auf den ersten Blick keiner erkennbaren Logik zu folgen. Dagegen bilden die Unterwassergebirge eine lange Kette, die den Grund der Ozeane durchzieht. Wenn man sie genauer betrachtet, glaubt man ein weites Tal zu erkennen, das sie auf ganzer Länge durchschneidet. Diese felsigen Abgründe muten auf den ersten Blick seltsam an, aber ich werde noch lernen, dass sie uns ebenfalls einige Geheimnisse über unseren Planeten verraten.

Beeindruckt von der künstlerischen Qualität der Arbeit, stelle ich Recherchen an und finde heraus, dass die Geschichte der Karte eng mit der einer Ozeanografin namens Marie Tharp verbunden ist. 1948 bekommt Marie im Alter von 28 Jahren eine Anstellung als Forschungsassistentin an der geologischen Fakultät der Columbia University in New York. Sie ist Geologin und Mathematikerin, und sie kann wunderbar zeichnen, ein Talent, das ausschlaggebend für ihre Einstellung ist.

Im Zweiten Weltkrieg ist das Sonar bzw. das Echolot entwickelt worden, mit dessen Hilfe sich die Meerestiefe messen lässt. Die Funktionsweise des Geräts ist einfach: Es sendet Ultraschall aus, der, wenn er auf ein Hindernis trifft, ein Echo zurückwirft, das von dem Gerät aufgefangen wird. Unter Berücksichtigung der Geschwindigkeit des Signals im Wasser kann man aus seiner Laufzeit die Entfernung des reflektierenden

Objekts ermitteln. An der geologischen Fakultät plant man, mittels der Daten, die eine Flotte eigens gecharteter Schiffe liefert, den Meeresboden zu kartografieren. Der jungen Wissenschaftlerin fällt dabei die Aufgabe zu, die Karten zu zeichnen.

* * *

Marie Tharp hätte auf den Schiffen Tiefenmessungen des Ozeanbodens durchführen und eine berühmte Forscherin werden können. Die Ungerechtigkeit jener Zeit verhindert es. Im Laufe des 20. Jahrhunderts fassen zwar immer mehr Frauen im Wissenschaftsbetrieb Fuß, doch der Sexismus besteht fort. Viele Forschungseinrichtungen und Positionen bleiben Männern vorbehalten. Frauen haben Mühe, von der Richtigkeit ihrer Resultate zu überzeugen, und Anerkennung für ihren wissenschaftlichen Beitrag stellt sich nur zögerlich ein.

Auf welche Schwierigkeiten Frauen in einer feindseligen, von Männern dominierten Wissenschaft stoßen, ist für die Astronomie besonders gut dokumentiert. Im Jahr 1924 wird die Engländerin Cecilia Payne von ihrem Vorgesetzten davon abgehalten, einen Artikel über die stoffliche Zusammensetzung der Sterne zu veröffentlichen, der die damals vorherrschende Lehrmeinung in Frage stellt und dessen Kernthese er später selbst übernehmen wird. Am Pariser Observatorium bleibt Edmée Chandon, studierte Mathematikern und erste professionelle Astronomin in Frankreich, trotz bedeutender wissenschaftlicher Beiträge bis zu ihrem Karriereende 1941 nur Stellvertreterin. Und 1950 wird die Amerikanerin Vera Rubin, Entdeckerin der Dunklen Materie, von der Presse verhöhnt, als sie zur Vorstellung ihrer Abschlussarbeit vor der Amerikanischen Astronomischen Gesellschaft ihr Baby mitbringt.

Wie dem auch sei, jedenfalls kann Marie Tharp mehrere Jahre lang nicht an den Schiffsexpeditionen teilnehmen: Frauen sind an Bord schlicht und einfach nicht zugelassen. An ihrer Stelle fährt ein Kollege namens Bruce C. Heezen mit, ein junger Geologe, der gleichzeitig mit ihr eingestellt worden ist. Und so kommt es, dass Marie Tharp in den 1950er-Jahren ihre Ausflüge in die Unterwasserwelt nicht mit Kapitän Nemos *Nautilus* unternimmt, sondern in ihrem New Yorker Büro und anhand der Messergebnisse, die ihr der Kollege übermittelt.

Geduldig überträgt sie die empfangenen Daten mit Tusche auf Papier. Aus den Ultraschall-Landschaften entstehen unter ihrer Feder sehr reale Landschaften im Maßstab eins zu einer Million. Auf diese Weise zeichnet Marie nach und nach das Relief der Meeresböden. Und die Daten der vom Echolot empfangenen Signale offenbaren weder ein Atlantis noch die Existenz von Meerjungfrauen oder Unterwassermonstern, sondern eine fantastische Gebirgskette, die den Atlantischen Ozean von Norden nach Süden durchzieht. Und noch erstaunlicher: Die Zeichnungen lassen mitten in der Kette einen gewaltigen Riss entstehen.

Ihr Kollege Bruce C. Heezen hat wenig Verständnis, als ihm die Wissenschaftlerin von ihrer Entdeckung berichtet: Dieser Riss, der den Ozean zweiteilt, erinnert ihn allzu sehr an die Theorie der Kontinentaldrift. Diese von der damaligen wissenschaftlichen Fachwelt als absurd abgetane Theorie ist 1915 von einem gewissen Alfred Wegener entwickelt worden. Erstaunt über die Deckungsgleichheit der Küstenverläufe zu beiden Seiten des Atlantiks, hat Wegener in den Kontinenten Teile eines Puzzles gesehen und postuliert, dass sie einst in einem einzigen Riesenkontinent vereint gewesen seien.

Nach dem Visionär Wegener drifteten die Kontinente seitdem auseinander. Als Beweis dienten ihm gemeinsame Fossilien oder Ähnlichkeiten der geologischen Strukturen beiderseits des Atlantiks. Manche Theorien kommen offensichtlich zu früh, und Wegener ist (wie ein Aristarchos von Samos, der 2000 Jahre vor Nikolaus Kopernikus das heliozentrische Weltbild vertrat) nicht ernst genommen worden. Genau wie Marie Tharp, deren Entdeckung von Bruce C. Heezen als »*girl talk*« abgetan wird.

*
* *

Die Geologin setzt ihre Forschungen unbeirrt fort, überzeugt von der Existenz dieses Tals, das auf ihren Karten erscheint. Manchmal sind es Zufälle und übereinstimmende Beobachtungen, die die verrücktesten Theorien bestätigen und ihnen zum Durchbruch in der Wissenschaft verhelfen. So ist beispielsweise die Existenz von Antimaterie, mittels mathematischer Gleichungen vorausgesagt, durch zufällige Beobachtungen bestätigt worden. Die Existenz des von Marie Tharp kartierten Tales wiederum wird auf wunderbare Weise durch die Arbeit ihres Arbeitskollegen Howard Foster bestätigt. Dieser kartografiert zur selben Zeit die Epizentren von Erdbeben, die in den Meeren registriert worden sind, und zwar im selben Maßstab. Durch Ähnlichkeiten bei der Verteilung der Epizentren neugierig geworden, legen die beiden ihre Karten auf einem Leuchttisch übereinander und siehe da: Das Erdbebengebiet deckt sich mit dem Graben! 1953 lässt sich Bruce C. Heezen schließlich von dessen Existenz überzeugen, ohne ihn allerdings mit der Kontinentalverschiebung in Verbindung zu bringen. Drei Jahre später stellt das Forscherduo seine Resultate der Wissenschaftsgemeinde vor und stößt auf Erstaunen und Skepsis.

Auch Jacques Cousteau, Leiter der Expeditionen mit der *Calypso*, glaubt nicht an die Existenz dieses Grabens am Ozeanboden. Um die Debatte zu einem Abschluss zu bringen, entschließt sich der Erforscher der Meerestiefen zu einer Überprüfung vor Ort. Dort, wo sich der Graben befinden soll, filmt das Team die atlantische Tiefsee – und liefert, entgegen der Überzeugung, der Welt die Bilder, die seine Existenz beweisen. Marie Tharp bemerkt später dazu: »Manchmal sagen Bilder mehr als Worte.«

Der neu entdeckte Ozeangraben sprengt jede Vorstellungskraft: Auf dem Grund der Ozeane – und nicht nur des Atlantiks – zieht sich eine riesige Gebirgskette von über 65 000 Kilometern Länge um den Globus!

Seine Gipfel ragen bis in 2000 Meter Wassertiefe empor, während sich die Tiefsee-Ebenen auf beiden Seiten in 6000 Meter Tiefe erstrecken. Diese Kette bildet das erdumspannende Netz der Mittelozeanischen Rücken. Sie wird in ihrer gesamten Längsrichtung von einem Rift bzw. einer Großspalte durchzogen, ebendem Riss, den die Ozeanografin entdeckt hat. Dort herrscht rege vulkanische Aktivität. Aus dem Erdinnern aufsteigendes Magma tritt aus und versorgt die ozeanischen Platten, die dort auseinanderdriften, ständig mit neuem Material. An den Mittelozeanischen Rücken spreizt sich der Meeresboden.

Eine weitere Beobachtung bestätigt die Existenz des Rifts. In den 1950er-Jahren stellt man fest, dass die Meeresböden aus parallelen Basaltstreifen mit wechselnder magnetischer Polarität bestehen. Die Spreizung des Ozeanbodens in der Riftzone liefert dafür eine ganz natürliche Erklärung: Das aufquellende Magma enthält Magnetit, ein Eisenerz, das empfindlich auf das Erdmagnetfeld reagiert. Kühlt der aus der Großspalte aufsteigende Basalt ab, wird das darin enthaltene Magnetit je nach Ausrichtung des Erdmagnetfelds magnetisiert. Der Umstand, dass sich dessen Ausrichtung in der Erdgeschichte regelmäßig geändert hat, erklärt das Vorhandensein dieser Streifen und bestätigt die Existenz des Grabenbruchs.

Die großartigen Karten Marie Tharps sollen bald darauf in der Zeitschrift *National Geographic* veröffentlicht werden. Die Geschichte der Ozeanografin hätte hier enden können, doch ein kleines Mädchen schreibt an die Redaktion. Es behauptet, dass sein Vater besser malen könne. Dabei handelt es sich um Heinrich C. Berann, einen österreichischen Künstler aus der Alpenstadt Innsbruck. Da er von seiner Malerei nicht leben kann, fertigt er seit Jahren zu Werbezwecken für Wintersportorte realistische Bergpanoramakarten an. In den Alpen geboren, deren verschlungene Oberflächengestalt er besser wiederzugeben versteht als jeder andere, beeindruckt er Marie Tharp und Bruce C. Heezen. Fortan beauftragen sie ihn, auf Grundlage ihrer wissenschaftlichen Karten die Meeresböden zu malen.

Unter dem flinken Pinsel des Malers entstehen bald verschiedene Panoramen. Sie zeigen der breiten Öffentlichkeit die Landschaften von einem Teil des Planeten, den sie nie wird sehen können. Durch das starke Echo in den Medien tragen diese Bilder überdies dazu bei, die Idee der Kontinentaldrift zu verbreiten. Diese wird nun langsam ernst genommen und in der neuen Theorie der Plattentektonik zusammengefasst. Danach besteht die Erdkruste aus rund fünfzehn Platten, die sich im Verhältnis zueinander bewegen. Driften sie an manchen Stellen auseinander, wie etwa in den Grabenbruchzonen der Mittelozeanischen Rücken, so stoßen sie an anderer Stelle zusammen oder schieben sich übereinander. Entfernten sich die Platten voneinander, öffnen sich Meere, driften sie aufeinander zu, erheben sich Gebirge.

Das Gemälde, das ich vor mir habe, ist tatsächlich eine der Arbeiten Heinrich C. Beranns (siehe die folgende Doppelseite). Es trägt den Titel *World Ocean Floor Map* – »Weltkarte des Meeresgrundes« – und ist 1977 mit Temperafarben gemalt worden. Es handelt ebenso von der Welt wie von der Wissenschaft. Aus der Zusammenarbeit zwischen einem österreichischen Künstler und einer amerikanischen Ozeanografin hervorgegangen, erzählt es anschaulicher von Meeren und Bergen als irgendetwas sonst. Die Gebirgsketten, unterseeische wie oberirdische, sind mit derselben Detailgenauigkeit und Meisterschaft gezeichnet. Die Mittelozeanischen Rücken und die Gipfel sind im Bild erfasst wie in der Theorie: Die Expansion der Ozeane ist für die Gebirgsbildung verantwortlich. Zwei Welten, zwei Ökosysteme, die alles trennt und die dennoch, wie sich erweist, durch die Plattentektonik eng miteinander verbunden sind. Denn es gibt eine Realität, die größer ist als wir: In den Alpen zu wandern heißt, an ein verschwundenes Meer zu erinnern, und in den Anden zu leben, der Öffnung des Pazifiks zu gedenken.

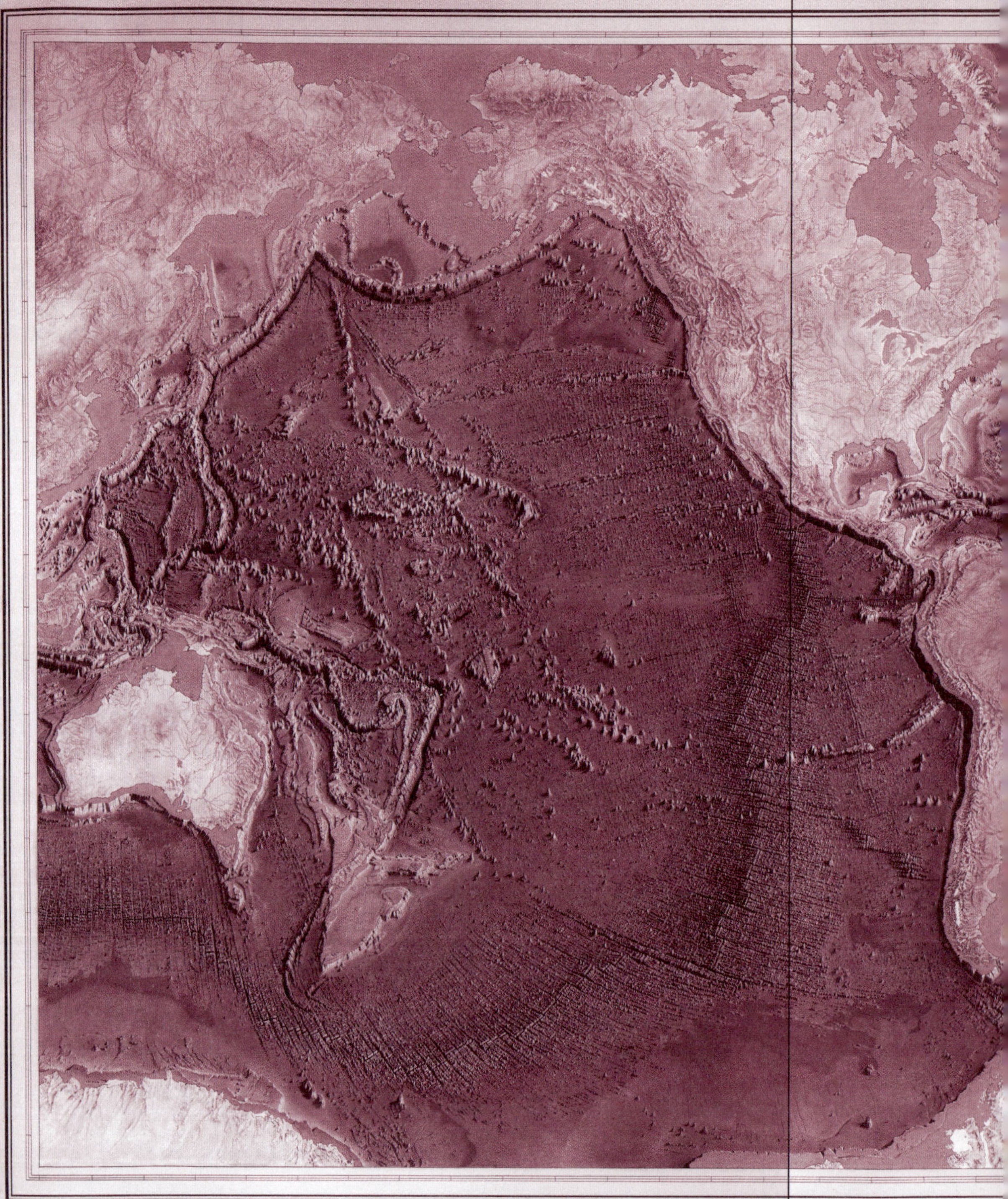

So wie hier die Kunst auf die von der Wissenschaft entdeckten universellen Gesetze trifft, so haben bestimmte menschliche und wissenschaftliche Abenteuer einen unwiderruflichen Einfluss auf unser Weltbild. Das Abenteuer Marie Tharps und Heinrich C. Beranns gehört mit Sicherheit dazu – eine Odyssee, die uns dazu einlädt, die Landschaft und unseren Planeten mit anderen Augen zu betrachten.

* * *

Die Plattentektonik beschreibt das Funktionieren unseres Planeten. Doch nicht alle tektonischen Platten sind gleichartig. Manche, die ozeanischen, recyceln sich permanent. Sie bestehen aus Basalt und sind die jüngsten, haben aber auch die größte Dichte. Wenn Dehnungskräfte sie zwingen, sich voneinander zu entfernen, driften sie auseinander, sodass klaffende Spalten oder Gräben entstehen. Aus der Tiefe quillt Material des Erdmantels hervor und trägt unablässig zum Wachstum der Platten bei. Wie Laufbänder nähern sich diese auseinanderdriftenden Platten am anderen Ende den Subduktionszonen, wo sie mit anderen zusammenstoßen und erneut in den Erdmantel abtauchen.

Andere Platten tragen Kontinente. Diese sind weniger dicht, aber dicker als der Ozeanboden, bestehen aus Granit und erreichen eine Dicke von über 100 Kilometern, während es der Ozeanboden nur auf wenige Kilometer bringt. Die Kontinente reiten auf den Platten, »unsinkbar« wie Eisberge, und folgen deren Bewegungen. Allerdings kommt es manchmal vor, dass die Platten sich verformen und durch Grabenbrüche auseinanderbrechen. Manchmal kollidieren sie auch miteinander, denn eine Subduktion von Kontinentalplatten ist nicht möglich. Also drücken die Gesteine gegeneinander, überlappen sich, bilden Falten an der Erdoberfläche und werfen gewaltige Bergketten auf.

Andernorts im Sonnensystem, auf dem Mars, scheint es in der Vergangenheit ebenfalls eine Plattentektonik gegeben zu haben, wie die Valles Marineris belegen, ein riesiges Grabenbruchsystem von 6000 Kilometern Länge, das den Planeten wie eine Narbe zeichnet. Manche Wissenschaftler glauben darüber hinaus, dass es sich bei den langen Streifen, die den Jupitermond Europa überziehen, um vereiste Gräben handeln könnte. Gleichwohl ist noch nirgendwo eine Plattentektonik wie auf der Erde beobachtet worden.

Zwar sind die meisten europäischen Gebirge durch die Kollision von Kontinentalplatten entstanden, doch wissen wir heute, dass Berge unterschiedlichen Ursprungs sein können. Viele bilden sich in Subduktionszonen, wie etwa der Pazifische Feuerring zeigt, ein Vulkangürtel, der den gleichnamigen Ozean umgibt. Beim Phänomen der Subduktion wird ein gewaltiger Druck auf das vorhandene Material ausgeübt. Daher herrscht in diesen Zonen rege, ja sogar heftige Vulkantätigkeit, und so kommt die Anhäufung vulkanischen Gesteins zu eventuell vorhandenen Erhebungen tektonischen Ursprungs noch hinzu.

Findet die Subduktion auf hoher See zwischen zwei ozeanischen Platten statt, entsteht in dem Gebiet eine Kette von Vulkaninseln, die man Inselbogen nennt, wie zum Beispiel die Philippinen und sogar Neuseeland, das aus zwei Hauptinseln und vielen kleineren besteht. Schiebt sich dagegen eine ozeanische Platte unter eine Kontinentalplatte, entstehen Gebirgszüge wie etwa die Anden entlang der südamerikanischen Platte, mit 7000 Kilometern gegenwärtig die längste kontinentale Gebirgskette der Erde.

Auch entlang der ozeanischen Rücken, dort, wo die Platten auseinanderdriften, sind Vulkane zu beobachten. Ihre eher unterseeische Aktivität zeichnet sich durch ausgedehnte Lavaströme aus. Eine Ausnahme bildet Island: Die Insel ist eine Art ozeanischer Rücken an der Luft. Die Vielfalt an vulkanischen Formationen und paravulkanischen Phänomenen wie Geysiren, heißen Quellen und Schlammtöpfen begeistert jeden Geologie-Fan.

Manchmal erhebt sich ein Vulkan auch mitten in einer tektonischen Platte, was auf die Existenz eines Hotspots hinweist, einer lokal begrenzten Magmakammer. Diese Hotspots, die unregelmäßig aktiv werden, wandern mit der tektonischen Platte, zu der sie gehören, und können Vulkanbauten errichten, die sich perlschnurartig aneinanderreihen: Die Inseln Réunion, Mauritius und die Malediven im Indischen Ozean sind durch einen solchen Hotspot entstanden. Was Europa angeht, soll es in der Eifel einen noch aktiven Hotspot geben. Wissenschaftler berichten von Gasblasen, die aus dem in einem Krater liegenden Laacher See aufsteigen.

Auf der Erde gibt es weitere verborgene Berge. Die Gipfel des subglazialen Gambuzew-Gebirges in der Antarktis erreichen Höhen von über 3000 Meter über dem Felssockel. Allerdings blieben sie der Menschheit wegen des ähnlich dicken Eisschilds, der sie bedeckt, bis in die 1950er-Jahre verborgen. Unter den Unmengen von Schnee begraben, ist der Gebirgszug vor Erosion geschützt und daher ein Glücksfall für die Wissenschaft. Denn Eis konserviert auch Berge.

* * *

Zu den schönsten Fortschritten des Denkens im 20. Jahrhundert gehört, dass die Erzählung Einzug in die Wissenschaft gehalten hat. Obwohl die Menschheit Geschichten liebt, Mythen und Legenden erzählt, Märchen erfindet und Romane schreibt, steuert das wissenschaftliche Denken erst seit Kurzem seine eigene Erzählung bei. In der Geschichte der Wissenschaft ziehen nur ein paar Außenseiter die Möglichkeit in Betracht, dass sich das Universum verändern könnte. Die meisten Gelehrten halten es für unveränderlich. Dazu muss man sagen, dass die großen Objekte der Welt, die sie beobachten – die Sterne, die Berge, die Meere – sich nicht schnell verändern und dass das Erkennen der subtilen Veränderungen, denen sie unterliegen, eine erhöhte Aufmerksamkeit erfordert, die in einem kurzen Menschenleben nicht immer aufgebracht werden kann.

Es ist der englische Naturforscher Charles Darwin, der im 19. Jahrhundert den Paradigmenwechsel einleitet, als er die Evolution der Arten auf der Erde beschreibt. Zu Beginn des 20. Jahrhunderts sattelt der belgische Jesuit Georges Lemaître noch einen drauf, indem er postuliert, dass auch das Universum sich wandelt, dass es expandiert, was bald darauf durch die Beobachtung bewiesen wird, dass die Galaxien sich entfernen. Zur selben Zeit stellt, wie bereits erwähnt, der Astronom und Meteorologe Alfred Wegener die Theorie der Kontinentalverschiebung vor. Wie die Lebewesen und das Universum sind danach auch die Landschaften auf der Erdoberfläche nicht unveränderlich. Wird die Theorie zu Wegeners Lebzeiten noch belächelt, da er keine Erklärung für die dabei wirkenden Kräfte hat, findet sie später bei der Ozeanografin Marie Tharp Gehör. Ihre Entdeckung des Grabenbruchs im Mittelatlantischen Rücken rückt Alfred Wegeners Überlegungen in ein neues Licht. Sie bereitet der Theorie der Plattentektonik den Weg, die die unablässigen Veränderungen der Erdoberfläche beschreibt.

Im 20. Jahrhundert entdeckt die Wissenschaft also die Evolution der Welt, von den Sternen bis zu den Planeten, von den Landschaften bis zu den Lebewesen. Spuren dieser unermesslichen Vergangenheit sind die Fossilien, die Gesteine, die kosmische Hintergrundstrahlung – das erste im Kosmos ausgestrahlte Licht. Alles im Universum wandelt und verändert sich, und die Veränderlichkeit der Welt, in den östlichen Philosophien geschätzt, wird nun von der westlichen Wissenschaft nachgewiesen.

Veränderung in der Zeit bedeutet Geschichtlichkeit. In allen Disziplinen werden Wissenschaftler daher zu Historikern, die insbesondere zeigen, dass alle Lebewesen auf der Erde eine gemeinsame Geschichte verbindet und dass ihre Existenz Teil einer langen Erzählung mit einer geologischen und kosmischen Zeitskala ist.

Diese Entdeckung stößt allerdings auf Widerstände, denn für solche Geschichten von der Welt waren bislang eher die Religion oder die Mythologie zuständig. Doch was die Wissenschaftler enthüllen, ist um ein Vielfaches reichhaltiger und komplexer als die traditionellen Kosmogonien, die von der Entstehung der Welt erzählen. Die wissenschaftliche Erzählung entspringt zwar nicht der Fantasie, doch mangelt es ihr nicht an Schönheit und Poesie. Sie nähert sich der Welt mit dem Mittel der Vernunft und beschreibt ein Universum, das seit vierzehn Milliarden Jahren ständiger Veränderung unterworfen ist. Sie erzählt die Geschichte von allem, was existiert und eine langsame, diffizile Entwicklung durchläuft, die universellen Gesetzen gehorcht.

*
* *

Im Jahr 1966 formuliert der kanadische Geologe John Tuzo Wilson eine These, wonach die Prozesse der Plattentektonik in wiederholten Zyklen ablaufen, die sich über mehrere hundert Millionen Jahre hinziehen. Im Verlauf dieser Zyklen wechseln einzelne Superkontinente und verstreute Kontinente, einzelne Ozeane und mehrere Ozeane einander ab. Parallel dazu entstehen gewaltige Gebirgsketten, die sich über tausende Kilometer erstrecken und Höhen von mehreren tausend Metern erreichen.

Die Wilson-Zyklen bleiben in Wissenschaftskreisen umstritten. Doch zeigt die Paläomagnetik (die Untersuchung der magnetischen Eigenschaften von Eisenatomen in bestimmten alten Gesteinen, die es ermöglicht, deren Position gegenüber den Magnetpolen bei ihrer Erstarrung zu bestimmen und die Geschichte der Erdoberfläche zu rekonstruieren), dass der Superkontinent Pangaea vor 300 Millionen Jahren aus dem Zusammenschluss von Kontinenten entstanden ist, die ihrerseits aus dem Zerfall des Superkontinents Rodinia hervorgegangen waren. Dieser wiederum hatte sich vor rund einer Milliarde Jahren aus Kontinenten gebildet, in die der Superkontinent Nuna zerfallen war, der vor etwas weniger als zwei Milliarden Jahren existierte. Superkontinente bestehen nicht ewig: Wird ein Kontinent zu groß, baut sich darunter im Erdmantel so lange Energie auf, bis die Erdkruste unweigerlich auseinanderbricht.

Die Entstehung von Superkontinenten ist stets von Gebirgsbildung begleitet. Wie die Sterne, die Lebewesen, aber auch die Jahreszeiten und der tägliche Sonnenlauf am Himmel erscheinen sie und verschwinden wieder, entstehen und vergehen in einem endlosen Recycling der Erdmaterie im Herzen des Universums.

Ob Wilson recht hatte oder nicht, eines ist unbestritten: Der Tanz der Kontinente geht immer weiter. Heute ist in Ostafrika ein Meer im Entstehen. Seit 25 Millionen Jahren zerbricht zwischen Äthiopien und Mosambik die Erdkruste, teilt sich und bildet einen Grabenbruch ähnlich dem, der vor rund 200 Millionen Jahren den Atlantischen Ozean hat entstehen lassen. Auf dessen Grund, am mittelatlantischen Rücken, entfernen sich die Platten durchschnittlich zwei Zentimeter pro Jahr voneinander: Der Atlantik ist noch am Wachsen. Sogar das Alpenmassiv wächst immer noch jährlich um mehrere Zentimeter, ebenso der Himalaya. Die Kontinente der Erde verschieben sich Jahr für Jahr um etwa zehn Zentimeter, das macht zehn Meter alle 100 Jahre, einen Kilometer alle 10 000 Jahre. Meere öffnen sich, andere schließen sich, Berge wachsen empor, Täler erodieren neben alten Meeren und beherbergen kleine Blumen wie den unscheinbaren Böhmen-Gelbstern.

9/
DIE GESCHICHTE DER GESTEINE

Obwohl die Alpen mehrere hundert Kilometer von meinem Zuhause entfernt sind, habe ich endlich einen Weg gefunden, in wenigen Sekunden zu ihnen zu reisen, und zwar mit Hilfe eines von dort stammenden Bergkristalls, den ich sorgfältig auf meinem Schreibtisch aufbewahre. Er ist farblos wie Wasser und härter als Glas. Er ist durchsichtig, funkelt im Licht und streut es in den Raum. Ich weiß nicht mehr, wie er hierher kam, aber ich halte ihn gern in der Hand, wenn mir die Ideen ausgehen. Bis jetzt habe ich nie herauszufinden versucht, woher er stammt und was für eine Geschichte er haben könnte.

Das zum »Nabel der Welt« gehörende Museum in Pougne-Hérisson beherbergt unter anderem ein mineralogisches Kuriositätenkabinett namens *Caillouthèque* mit Steinen aus aller Welt. Der Legende nach birgt jeder von ihnen, und nicht nur der »Nabel der Welt«, eine Geschichte. Seit ich Bekanntschaft mit den erodierten Bergen geschlossen habe, deren Überreste die Landschaft prägen, in der ich lebe, weiß ich, dass sich hinter etwas Langweiligem und Banalem – wie einem simplen Stein – faszinierende Geschichten verbergen können, die nicht in der Legende, sondern in der Wissenschaft wurzeln. Das ist das Tolle an den Bergen: Wir entreißen ihnen eine Schuppe und halten damit ein Fragment in den Händen, das von der Geschichte der Welt und unseres Planeten erzählt.

Turmolin

Vanadinit

Variscit

Quarz

Ametrin

Cerussit

Olivin

Amazonit

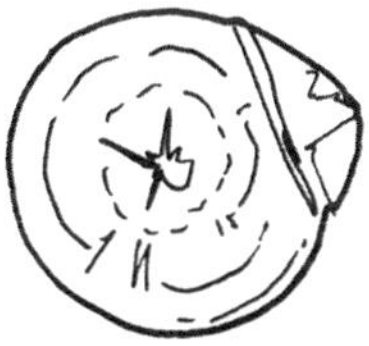
Plancheit

Krokoit

Adamin

Orthoklas

Spessartin

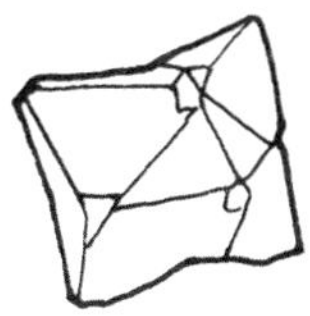
Cumengeit

Rutil

Strontianit

Phlogopit

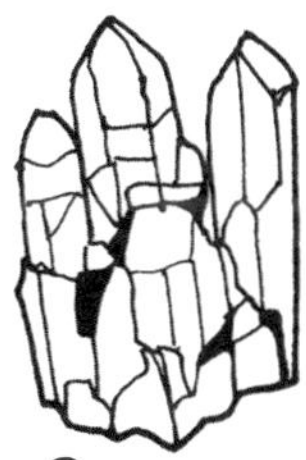
Stannit

Gold

Amethyst

Rhodonit

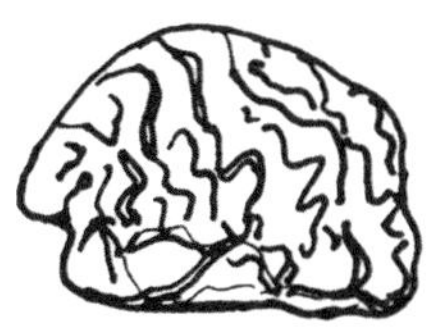
Dumortierit

Jadeit

Benitoit

Also habe ich ein bisschen Detektiv gespielt, um herauszufinden, was mein Bergkristall, meine Alpenschuppe, zu erzählen hat. Seitdem brauche ich ihn nur in der Hand zu halten und finde mich mitten in den Bergen wieder.

So wie manche ihre Pilzgründe haben, so haben andere ihre »Kristallgründe«. Wenn erstere an einem Herbsttag mit einem Korb voller Steinpilze und Pfifferlinge aus dem Wald kommen, steigen letztere mit einem schweren Rucksack voller kostbarer Steine vom Berg herab. Das sind die Kristallsucher oder Strahler, erfahrene Bergsteiger, die abseits der Pisten unterwegs sind. Denn Kristalle findet man im Gebirge nicht auf ausgetretenen Pfaden und noch weniger entlang ausgewiesener Wanderrouten. Schöne Steine bieten die Berge nur den Wagemutigen und denen, die sich die Zeit nehmen, genauer hinzusehen, um sie besser kennenzulernen. Die Strahler wollen keine Rekorde brechen, sondern versuchen, den Pulsschlag einer Geröll- und Schutthalde zu erspüren, die Sprache der Felsen zu entziffern, um sich dann nur das zu nehmen, was der Berg ihnen bereitwillig gibt.

Auch wenn die Berge lange unerforscht blieben und Furcht einflößten, weil sie mit Flüchen belegt und von bösen Geistern bewohnt waren, und das Bergsteigen, wie es heute praktiziert wird, erst im 18. Jahrhundert aufkam, so haben sich Kristallsucher doch schon immer in größere Höhen gewagt, um die Schätze der Erde zu bergen und die Großen dieser Welt zufriedenzustellen. Der französische König Ludwig XIV. besaß beispielsweise eine schöne Edelsteinsammlung, und die Kronleuchter, die den Spiegelsaal von Versailles schmücken, bestehen aus Bergkristallen, die Strahler in den Alpen gesammelt haben. Ihre Lichtstreuung ist unvergleichlich. Der Alpinismus verdankt seine Existenz übrigens diesen außergewöhnlichen Menschen: Sie haben den Weg zu den Gipfeln geebnet. Jacques Balmat, der als der erste französische Alpinist überhaupt gilt (ihm gelang am 8. August 1786 die Erstbesteigung des Mont Blanc), war in erster Linie Kristallsucher.

Die Strahler steigen in höher gelegene Bruchzonen hinauf, wo das Gestein zerbröckelt, und suchen die Felsen gründlich nach weißen Linien ab, den Quarzadern. Mit geschultem Blick halten sie Ausschau nach sogenannten Geoden, jenen herrlichen, mit Kristallen ausgefüllten Hohlräumen im Gestein, in die man oft nur unter Mühen einen Arm hineinstecken kann, um die wertvollen Steine zu bergen.

Manche Kristalle lösen sich von selbst aus der Wand, unterstützt von den Frost- und Tauperioden, die den Erosionsprozess beschleunigen und das darunterliegende Gestein zersetzen. Bleiben sie hängen, ist es besser, im nächsten Jahr wiederzukommen: Kristalle lassen sich nur ernten, wenn die Gesetze, nach denen die Landschaft sich verändert, es erlauben, wenn die Erosion sie ausreichend für die Ernte hat reifen lassen. Die Strahler retten sie dann vor dem unaufhaltsamen Zerfall des Gesteins und bergen sie, ehe sie zu Bruch gehen oder zu Staub zerfallen.

Die Strahler vom Mont-Blanc-Massiv haben einen Ehrenkodex: Die einzigen Werkzeuge, die sie benutzen dürfen, um Edelsteine aus dem Berg zu lösen, sind Hammer und Meißel. Anschließend müssen die Funde auf dem Rücken zu Tal getragen werden. Jeder ist dazu verpflichtet, seine schönsten Stücke im Museum von Chamonix auszustellen. Diese Gemeinde erkennt das Kristallsammeln übrigens als Tätigkeit an, die charakteristisch ist für die Kultur der Region und des Hochgebirges.

Der Kristall, den ich in der Hand halte, ist ein Bergkristall (reiner Quarz). Er ist mehrere Millionen Jahre alt und dutzende Kilometer tief in der Erde entstanden. Quarz ist das wohl bekannteste Mineral. Wie jedes Mineral wird er anhand seiner chemischen Zusammensetzung identifiziert. Er besteht aus Siliciumdioxid, dessen Formel SiO_2 auf das Vorhandensein von Silicium- und Sauerstoffatomen hinweist. Mineralien werden aber nicht nur nach ihrer Zusammensetzung unterschieden, sondern auch nach ihrer Kristallstruktur, einer besonderen, regelmäßigen Anordnung ihrer Atome im Raum, die präzisen geometrischen Gesetzen folgt und sich dadurch von Material mit sogenannten amorphen (»ohne Gestalt«) Strukturen wie Glas unterscheidet.

Quarzkristalle entstehen an tiefen Spalten in der Erdkruste, in die Wasser eindringt. Dort unten, weit unter unseren Füßen, sind Temperatur und Druck sehr hoch. Das heiße Wasser, das dort zirkuliert, greift das Gestein an, wäscht Hohlräume heraus und nimmt die vorhandenen Mineralien auf, in unserem Fall Siliciumdioxid. Ist das Wasser mit gelösten Mineralien gesättigt, fällen diese aus und kristallisieren.

Kristalle bilden sich sehr langsam. Sie wachsen Jahrtausende lang, ausgehend von einem Keim in einer Felswand, einer Verunreinigung oder einem mikroskopisch kleinen Kristall derselben Art. Im Fall von Quarz werden die im hydrothermalen Wasser gelösten Siliciumdioxid-Moleküle ausgefällt und lagern sich nach und nach an den im Entstehen begriffenen Kristallen an.

Weitgehend unbekannt ist, dass es mehrere Arten von Quarz gibt. Ist die Temperatur während der Kristallisation niedriger, wird der Kristall eher milchig trüb statt transparent. Geraten Verunreinigungen zwischen die Siliciumdioxid-Moleküle, nimmt der Quarz andere Farben an: Spuren von Eisenoxid verleihen ihm beispielsweise eine violette Tönung wie dem Amethyst, einem Edelstein, der häufig in den Bergen der Auvergne vorkommt, eine der größten Lagerstätten Europas. Manchmal gibt im Granit enthaltenes Uran eine schwache Strahlung ab, dann hüllt sich der Quarz in einen rauchfarbenen Schleier.

Der Kristall stellt das Wachstum ein, wenn kein Wasser mehr da ist. Und wenn der Zufall es will, werden die Gesteine und Spalten mit den Geoden im Zuge tektonischer Bewegungen aus der Tiefe emporgehoben, wenn sich Gebirge bilden. Erosion trägt die Gipfel ab, Wasser und Eis dringen ins Gestein ein, es kommt zu Bergstürzen: Der Fels verwittert, Gletscher schmelzen und die Geoden gelangen ans Tageslicht. Da die Kristalle härter sind als das Gestein, sind sie weit weniger erosionsanfällig und lösen sich irgendwann aus dem Fels, der um sie herum zerfällt.

Ein Strahler sammelt sie ein, trägt sie ins Tal und verkauft sie auf einem Markt. Und irgendwann ist einer in meine Hände gelangt. Und so wie ein Traumstein in China den Gelehrten ermöglicht, Inspiration aus ihm zu ziehen, so lässt mich mein Bergkristall in die Berge reisen.

* * *

Wie kommt es, dass eine Wissenschaft wie die Geologie (oder die Physik), die uns so viele Geschichten erzählen kann, so unbeliebt ist?, frage ich mich. Nachdem ich herausgefunden habe, welche sich hinter meinem Bergkristall verbirgt, begeistere ich mich noch mehr für solche Geschichten und stoße bald auf eine andere, die mir gefällt: die von der Reise des kleinen Sandkorns von Émosson und den Dinosauriern.

Gesteine bilden die Erdkruste. Bei den an der Oberfläche des Planeten herrschenden Temperaturen sind sie im Allgemeinen fest, weisen andererseits aber große Unterschiede auf. Manche sind sehr hart wie etwa Granit oder Marmor, andere brüchig wie Schiefer oder Kreide. Ton wiederum ist formbar, wenn man ihn mit Wasser vermischt, und Sand ist ein Lockergestein, das aus vielen einzelnen Körnern besteht. Auch wenn Gesteine nach unseren Maßstäben unveränderlich erscheinen, so verändern sie sich doch wie die Landschaft. Sie entstehen und vergehen. Sie erodieren und verändern sich.

Die Geschichte des Sandkorns von Émosson beginnt vor hunderten Millionen Jahren, als tektonische Platten miteinander kollidieren und zu einer Gebirgsbildung führen. Dabei tauchen Teile der tektonischen Platten in den Erdmantel ab, und manche verschmelzen zu Magma. Die dabei entstehenden Magmakammern versuchen, zur Erdoberfläche aufzusteigen, doch manchen gelingt dies nicht. Sie bilden so etwas wie riesige Blasen, die abkühlen und in der Tiefe kristallisieren.

Aus Magma entstandene Gesteine nennt man magmatische Gesteine oder Magmatite. Sie können vulkanisch sein, wenn sie sich bei einem Vulkanausbruch rasch verfestigen – wie Basalt –, oder plutonisch, wenn sie mehrere Kilometer unter der Erde langsam abkühlen. Das häufigste plutonische Gestein – das übrigens den wesentlichen Teil der Kontinentalmassen ausmacht – ist Granit. Hauptbestandteile der Gesteine sind Minerale, Granit besteht aus dreien: Glimmer, Feldspat und Quarz. Aus Letzterem besteht das Sandkorn von Émosson.

Die Abkühlung einer Magmakammer geht sehr langsam vonstatten: Sie dauert mehrere hunderttausend Jahre, in deren Verlauf das Material vollständig kristallisiert. Die Kristalle, aus denen Granit aufgebaut ist, entstehen nacheinander, entsprechend ihrer Erstarrungstemperatur. Die Glimmer kristallisieren zuerst, dann die Feldspäte, von denen manche die Glimmer umschließen, und schließlich die Quarze, die den verbleibenden Platz einnehmen. Die Quarze, die am langsamsten kristallisieren, sind das härteste Mineral des Granits.

Bei der Entstehung von Granit in Kammern mit flüssigem Magma sind auch die Nachbargesteine Belastungen ausgesetzt, die sie verändern, auch wenn sie nicht verschmelzen. Die hohen Temperaturen sorgen dafür, dass sie sich erhitzen, und durch den hohen Druck werden sie noch stärker gefaltet oder komprimiert. Zu diesen metamorphen Gesteinen oder Metamorphiten gehören Schiefer, Gneis und Marmor. Sie sind häufig dünnplattig und zeigen ein lagiges Gefüge.

Die Berge, unter denen sich der kleine Quarzkern, das Sandkorn dieser Geschichte, verbunden mit anderen Mineralen in einem Granitpluton befindet, erodieren. Später falten sich andere Gebirge auf und ziehen die erodierten Böden des alten Bergmassivs mit. So kommt es, dass nach Millionen von Jahren Granitplutone zutage treten und ihrerseits der Erosion unterliegen. Auch wenn sie manchmal Felsenmeere bilden, so liefern sie doch vor allem aus Quarz bestehende Sandkörner. Denn die Glimmer und Feldspäte erliegen der Erosion, wohingegen die Quarzminerale ihr standhalten.

Das kleine, durch Erosion freigesetzte Sandkorn wird von Wasser fortgespült. Es wandert in Bächen und Flüssen zu Tal, gelangt in einen Strom und landet schließlich mit Milliarden anderen an einem Strand. Der liegt an einer großen Meeresbucht. Plötzlich taucht ein Rudel Dinosaurier auf und hinterlässt Fußabdrücke im feuchten Sand. Die Spuren dürften bald verschwinden, verweht vom Wind, fortgespült von der Flut. Doch manchmal kommt der Zufall der Überlieferung zu Hilfe: Die Abdrücke dieser Lebewesen aus längst vergangenen Zeiten werden, wie auch das kleine Quarzkorn, rasch von weiteren Ablagerungen bedeckt. Kleine Ansammlungen von Sand füllen die Abdrücke aus und bewahren sie vor der Zerstörung.

So beginnt Gesteinsbildung an der Erdoberfläche: Das durch Erosion verschiedener Gesteinsarten abgetragene Material bewegt sich und bildet anderswo Ablagerungen. Diese verfestigen sich mit der Zeit und werden selbst zu Gesteinen. Genauer gesagt, zu Sedimentgesteinen: Im Gegensatz zu magmatischen und metamorphen Gesteinen entstehen sie eben an der Erdoberfläche und können Fossilien enthalten.

Zurück zum Sandkorn: Sehr viel später in der Erdgeschichte, als das Meer aus dieser Region zurückweicht, verfestigt sich der Sand des Strandes, in dem sich das Quarzkorn befindet, nach und nach zu einem Sedimentgestein – einem Sandstein – und lässt die Tierabdrücke versteinern. Der Strand wird zum Fossilträger. Viele Millionen Jahre lang setzen sich weitere Ablagerungen an seiner Oberfläche ab. Im Zuge einer neuen Gebirgsbildung, der Entstehung der Alpen, erhebt sich das Gelände und kippt. Die Erosion durch Wind und Wetter zerklüftet das Gestein entlang seiner Schwachstellen. Eine davon geht auf eine kleine Unregelmäßigkeit bei der Sedimentbildung zurück, nämlich die Fußabdrücke.

Heute tritt der Strand von Émosson in einem 2400 Meter hoch gelegenen Tal der Schweizer Alpen zutage und legt 800 Fußabdrücke von Dinosauriern sowie einige versteinerte Rippelmarken frei, zusammen mit einem Quarzkorn unter vielen anderen: dem Sandkorn von Émosson. Dieses wird eines Tages wieder der Erosion unterliegen. Oder durch das Spiel der Plattentektonik unter der Erde begraben. In dem Fall schmilzt es und wird wieder zu Magma, und der Kreislauf der Gesteine, der endlos unsere Landschaften formt, beginnt von vorne.

Fraglos sind es Geschichten wie diese, die im Geologie- und Physikunterricht fehlen, Geschichten, die durch den Baustoff der Erde selbst verkörpert werden.

* * *

Die Tiefen der Erde bergen Schätze, die dank der Bewegungen der tektonischen Platten und der Geschichte der Berge dem Menschen zugänglich werden: Edelsteine, Mineralien, Erzlagerstätten. Allerdings haben viele Menschen deutlich weniger Skrupel als die Kristallsucher, der Erde ihre mineralischen Kostbarkeiten zu entreißen.

Ich weiß noch, wie fasziniert ich beim Besuch einer Goldmine war, die heute zum Weltkulturerbe der UNESCO zählt. Die Mine von Las Médulas liegt im Nordwesten Spaniens und wurde von den Römern vom 1. Jahrhundert v. Chr. bis ins 3. Jahrhundert im Tagebau betrieben. Danach wurde sie aufgegeben und auch später nicht mehr ausgebeutet, sodass die Spuren des römischen Raubbaus heute noch gut zu sehen sind.

Die Region Las Médulas ist durch zerklüftetes Gelände, kahle Hänge und eine verwüstete Landschaft geprägt, deren rote Sandsteinfelsen das Innere von Bergen entblößen, die antike Ingenieurskunst aufgebrochen hat. Die Natur hat über die Zeit wieder die Oberhand gewonnen, und die schroffen, vom Minenbetrieb gestutzten Bergstümpfe sind an ihrer Basis von Ginsterbüschen, Steineichen und hundertjährigen Kastanienbäumen umsäumt und bilden eine einzigartige, spektakuläre Landschaft.

Wer dort spazieren geht, weiß nicht mehr, ob er der Geschichte dieser zerstörten Berge begegnet oder der jener römischen Arbeiter, die hier zu Zehntausenden geschuftet und nach den begehrten Goldkörnern gesucht haben. Hier sollen 1500 Tonnen des kostbaren Minerals gewonnen und 500 Millionen Kubikmeter Erde bewegt worden sein, ein Rekord, den erst im 19. Jahrhundert die Dampfmaschine gebrochen hat.

Im Unterschied zu anderen Mineralen ist Gold im Allgemeinen in geringen Mengen verstreut, sodass auf eine Tonne Abbaumaterial nur wenige Gramm kommen. Die Minen von Las Médulas sind hydraulische Minen: Zur Goldgewinnung wurde nur Wasserkraft eingesetzt. Sie zeugen vom Erfindergeist der Römer, denen es dank ihres praktischen und organisatorischen Wissens gelungen ist, ganze Berge dem Erdboden gleichzumachen.

Zu diesem Zweck haben sie ein rund 600 Kilometer langes Kanalsystem gebaut, dessen wohlüberlegte Streckenführung große Kompetenz auf dem Gebiet der Flächen- und Wasserbewirtschaftung verrät, denn das Wasser wird aus verschiedenen höher gelegenen Flüssen zur Mine geleitet. Dort liefert es die Energie für sämtliche Arbeitsgänge, vom Abtragen der Berge bis zum Transport des goldhaltigen Materials, vom Goldwaschen bis zur Beseitigung des von den Nuggets gelösten Schlamms. Die Kanäle speisen die Staubecken, dann wird das Wasser in Stollen eingeleitet, die man in den lockeren Sandstein des Berges getrieben hat, wodurch ein so gewaltiger Druck erzeugt wird, dass das darüber liegende Gestein zum Einsturz gebracht wird. Das Abraummaterial wird in Form von Schlammströmen zu den Waschrinnen geleitet.

Wichtigste physikalische Größe bei der Bewegung des Schlamms ist die Strömungsgeschwindigkeit. Die vom Wasser transportierten Sedimente bestimmen die Dichte des Schlamms. Dieser wird mit einer sanften Strömung zu den Waschrinnen geleitet, die am Boden mit Ästen und

Steinen ausgelegt sind. Das Sortieren des Materials besorgt die Schwerkraft. Fließt die Schlammmasse durch die Rinne, sinken die schwersten Partikel wie Gold, Magnetit, Quarz usw. auf den Grund, wo sie an den Ästen und Steinen hängen bleiben. Der übrige Schlamm mit dem leichteren Material wird von der Strömung weitergetragen und entsorgt. Ist er fort, braucht man nur noch die Nuggets einzusammeln.

Eng verbunden mit den Graniten des vor rund 300 Millionen Jahren entstandenen variszischen Gebirges sind zahlreiche Erzlagerstätten wie die in Las Médulas. Sie haben den industriellen Reichtum ganz Westeuropas begründet und die Landschaft von Menschenhand geformt. Die Geschichte des Bergbaus eröffnet uns einen anderen Blick auf die Berge. Die Furcht, die sie einst einflößten, ist einer Anziehungskraft gewichen, die sich hauptsächlich ihrem materiellen Potenzial verdankt. Das weckt Begehrlichkeiten und lockt Schatzsucher an. Heute wird Bergbau im großen Stil häufig angeprangert, weil er Landschaften und Ökosysteme zerstört und die Umwelt verschmutzt oder einfach nur wegen der Arbeitsbedingungen in den Bergwerken. Gewiss, die Rohstoffe aus den Tiefen der Erde, die durch die Erhebung der Berge zugänglich wurden, haben der Entwicklung unserer modernen Gesellschaften gedient. Dennoch frage ich mich mit dem Genetiker und Umweltaktivisten David Suzuki, ob nicht die Art, wie wir die Welt sehen, ausschlaggebend dafür ist, wie wir sie behandeln: »Wenn ein Berg eine Gottheit ist, nicht ein Haufen Erz, wenn ein Wald ein heiliger Hain ist, nicht Holz, wenn andere Arten biologische Verwandte sind, nicht Ressourcen, oder wenn der Planet unsere Mutter ist, nicht eine Gelegenheit – dann werden wir einander mit mehr Respekt behandeln.«

Unser Blick auf die Umwelt, in der wir leben, prägt unsere Gesellschaften. Welche Auswirkungen hat es auf unsere Lebensweise, wenn wir die Berge als Objekte der Ausbeutung betrachten? Sollten wir nicht etwas mehr Mäßigung üben, das Recycling bereits abgebauter Rohstoffe ausweiten und verstärkt erneuerbare Rohstoffe verwenden, da wir schon genug aus der Erde geschöpft haben? Die Bergwerke von heute werden vielleicht die Naturschutzparks von morgen sein, wenn die Natur wieder zu ihrem Recht gekommen ist und verdeutlicht, wie eng die menschliche Geschichte mit der des Erdinnern verknüpft ist. Aber vielleicht ist es auch an der Zeit, den Verhaltenskodex der Kristallsucher zu übernehmen, Landschaften nach ihrem ästhetischen Wert und ihren Ökosystemen einzustufen statt nach ihrem materiellen Wert und den Bergen nur noch das zu nehmen, was sie uns bereitwillig geben.

*
* *

Bei mir zu Hause im Poitou ist es jetzt Frühling. Schlehdorn und Weißdorn blühen, die Knospen der Bäume sind bereit, sich zu öffnen. In den zurückliegenden Monaten habe ich mehrere Geheimnisse eines Landes erforscht, das mir teuer ist. Geleitet von dem Wunsch, mehr über Berge zu lernen, bin ich vor allem mit Phantomen vertraut geworden. Berge sind überall, tief in der Geschichte verborgen. Um sie zu finden, muss man nicht immer weite Strecken fahren, sondern damit anfangen, dort zu suchen, wo man ist. Die Reise hat nur dann einen Sinn, wenn man vorher gelernt hat, die Augen für das zu öffnen, was einen umgibt, sich gefangen nehmen zu lassen wie ein Nicolas Bouvier oder sein Schriftstellerkollege Jacques Laccarière.

Im Lichte ihrer Vergangenheit sehe ich die Landschaft, in der ich lebe, differenzierter, jede Erhebung birgt die Erinnerung an die Berge. Die lange Zeit – die komplexe und außergewöhnliche Erzählung, die sie in sich tragen – gibt ihnen die Majestät zurück, die sie im Laufe der vergangenen geologischen Epochen verloren haben. Die Berge verfolgen mich nun bei meinen Wanderungen durch das Land meiner Kindheit. Ich finde sie in der Geschichte der Orte wieder, bei Rendezvous zwischen sanften Hügeln und verschwiegenen Tälern, die sich mit Legenden und Granitblöcken schmücken, mit Eichen- und Kastanienwäldern, mit Heckenrosen und Holundersträuchern. Auf diese Weise habe ich mein Denken neu verankert und das Land meiner Kindheit wieder »adoptiert«. Das beste Mittel, sich an eine Landschaft zu binden, könnte sein, ihre Vergangenheit zu entdecken und die Geschichten, die sie zu erzählen hat.

Ich bin jetzt bereit, wieder aufzubrechen: Die richtigen Berge mit ihren Felsen und schwindelerregenden Höhen fehlen mir. Da wäre noch ein wichtiger Aspekt, dem ich nachgehen muss. An einer ihrer dunkleren Nordwände. Ein Aspekt, der die Geheimnisse des Kosmos betrifft.

TEIL 3

AN DEN TOREN ZUM KOSMOS

10/ DER FERNE HIMMEL

Meine Begegnung mit der Forschungsstation Jungfraujoch in der Schweiz beginnt merkwürdigerweise in einer Einkaufspassage in 1000 Meter Höhe, direkt neben der Talstation der Seilbahn. Als ich zwischen Wintersportgeschäften und Souvenirläden umherschlendere, spüre ich vergebens dem Geist der Wissenschaftler nach, die sich auf der Suche nach neuen Erkenntnissen als Erste in das Bergmassiv wagten. Doch im Terminal Grindelwald – meine Tochter wird mich später darüber aufklären, dass auch eine Figur aus den Harry-Potter-Romanen so heißt – ist nichts von Eis und Wind zu spüren. Die Halle mit den beleuchteten Schaufenstern ähnelt eher der eines Flughafens.

Ich bin hier mit dem Schweizer Physiker Rolf Bütikofer verabredet. Er soll mich mit einigen Boten aus den Tiefen des Alls bekannt machen. Denn die Berge sind auch ein Fenster zu fernen Himmeln. Schließlich erscheint der Wissenschaftler und zieht einen schweren Koffer mit Ausrüstung hinter sich her. Ich wechsle ein paar Worte mit dem Mann, der mir mit seiner freundlichen und verbindlichen Art auf Anhieb sympathisch ist, dann setzen wir uns in eine Gondel, die sich in die Lüfte schwingt. Die Fenster der Gondel reichen bis zum Boden und bieten einen atemberaubenden Ausblick auf die Felslandschaft, weiße Eisflächen und vereinzelte Wolkenfetzen. Es ist ein regnerischer Julitag, doch anders

als bei meiner Fahrt zum Schneefernerhaus herrscht klare Sicht. Wir schweben am Eiger vorbei, dem berühmten Kletterberg, dessen Nordwand im letzten Jahrhundert die besten Bergsteiger angezogen hat. Ich suche lieber die Felsen nach Vögeln ab, aber ohne Erfolg.

Rolf nutzt die Fahrt, um mir von seiner Arbeit zu erzählen, die diese neue Seilbahn erheblich erleichtert. Der Eiger Express, so der Name, braucht nur fünfzehn Minuten bis zur gleichnamigen Gletscherstation. Er kann stündlich bis zu 2200 Fahrgäste dort hinaufbringen, die dann mit der Bahn zum Jungfraujoch weiterfahren können. Das zeigt, dass der Berg heute längst nicht mehr nur ein paar Forscher anlockt. Rolf selbst bedauert übrigens augenzwinkernd, dass dieser »Lift« erst so spät in Betrieb genommen wurde, jetzt, wo er stramm auf den Ruhestand zugeht. Aus Bern kommend, spart er mit dem Eiger Express eine gute halbe Stunde Fahrtzeit bis zur Forschungsstation.

Oben angekommen verlassen wir die Gondel in einem halb unterirdischen Bahnhof und fahren mit der Zahnradbahn weiter, die bereits seit 1912 in Betrieb ist. Sie führt durch einen sieben Kilometer langen, in den Fels getriebenen Tunnel hinauf aufs Jungfraujoch. Etwas später steigen wir schließlich im höchstgelegenen Bahnhof Europas aus, in 3454 Meter Höhe!

Wir gehen durch eine für die Öffentlichkeit zugängliche Galerie, bis Rolf vor einer eher unauffälligen Tür in der Wand stehen bleibt. Er öffnet sie, und wir betreten die Forschungsstation Jungfraujoch.

Das Innere steht in Kontrast zu der modernen Ausstattung der Bergstation, die wir soeben durchquert haben. Die alten Holzverkleidungen, die massiven Möbel, die Schwarzweißfotos – alles hier atmet Geschichte. Im Speiseraum stürze ich zu den Fenstern aus dickem Glas, überwältigt von der Aussicht. Ein riesiger Eisstrom, wie ich noch keinen gesehen habe, zieht sich zwischen den Hängen kilometerweit hin, durchsetzt von Spalten, Eiszacken, Moränen und bläulichen Eisblöcken, überragt von umliegenden Viertausendern. Es fehlen eigentlich nur eisige Luft und

Minusgrade, aber auf diesen Eisstrom kann man hinabschauen, ohne zu frieren. Es handelt sich um den Aletschgletscher, den längsten der Alpen, eine gigantische Masse aus gefrorenem Wasser, die unaufhaltsam schmilzt und seit 1860 von 25 auf 22 Kilometer Länge geschrumpft ist und dabei von den einstigen 900 Metern Dicke 100 Meter verloren hat.

Beeindruckt sehe ich Rolf an.

»Ich habe dasselbe getan, als ich 1985 als Student zum ersten Mal hier heraufkam«, sagt der Physiker zu mir. »Ich bin direkt zum Fenster gelaufen.«

Ich drehe den Kopf und blicke wieder nach draußen. Doch ich komme kaum dazu, das Schauspiel von Neuem zu bewundern, denn innerhalb von Sekunden legt sich ein dichter weißer Schleier über die Landschaft. Als ob das alles gar nicht existiert hätte.

Der Ort hat etwas Bewegendes. Später werde ich dem Physiker Hannes Vogelmann ein Foto des Eisgiganten schicken, und er wird mir antworten: »Das Bild ist beeindruckend. Man könnte meinen, da oben herrscht noch Eiszeit.« Die letzte Eiszeit. Wenn ich bewusst die Geschichte mitsehe, die sich in einer Landschaft verbirgt, bin ich jedes Mal überwältigt. Nur wie lange, so ruft uns die große Erzählung der Erde in Erinnerung, werden die Gletscher noch überdauern?

Ich habe zu Rolf Bütikofer Kontakt aufgenommen, weil er auf dem Gebiet der kosmischen Strahlung forscht, und noch dazu auf dem Jungfraujoch. Ich habe mich auf diese Begegnung gefreut, die mir Gelegenheit geben soll, mich wieder in ein Thema zu vertiefen, das mich im Studium fasziniert hat. Es war einer meiner ehemaligen Professoren von der Universität Straßburg, ein begeisterter Bergfreund und Alpinist – ich hatte ihn im Rahmen meiner Recherchen angerufen –, der mich an die kosmischen Strahlen erinnert hatte. »Die Berge haben zu ihrer Entdeckung beigetragen«, erklärte mir Ulrich Goerlach bei unserem Telefonat. »Insbesondere im Observatorium auf dem Jungfraujoch haben Wissenschaftler Messungen vorgenommen, die zu ihrem besseren Verständnis beigetragen haben.« Ich dankte Ulrich. Dieses kurze Gespräch hatte mir gezeigt, wohin meine nächste Reise führen musste.

*
* *

Als ich von der Existenz der kosmischen Strahlung erfuhr, muss ich wohl etwas Ähnliches empfunden haben wie Marie und Pierre Curie, als sie die radioaktiven Elemente erforschten: eine absolute Faszination, die sich beim Kontakt mit dem Unsichtbaren einstellt, mit einer Strahlung, die niemand auf den ersten Blick wahrnimmt und die dennoch eine wichtige Rolle spielt und die im Falle der kosmischen Strahlung überdies von sehr weit herkommt, aus diesem geheimnisvollen Universum, dessen Teil wir sind, das aber unsere Vorstellungskraft übersteigt.

Kosmische Teilchen zirkulieren im interstellaren Raum und bombardieren ständig die Erde. Jede Sekunde dringen kosmische Strahlungsteilchen aus den Weiten des Universums in die Erdatmosphäre ein und treten mit allem, was dort existiert, in Wechselwirkung. Wenn ich in meinem Umfeld auf kosmische Strahlung zu sprechen komme, hat mein Gegenüber, sofern es nicht täglich mit Physik zu tun hat, häufig keine Ahnung, wovon ich rede. Viele sind sogar überrascht, dass es so etwas gibt, und denken dabei an Science-Fiction-Szenarien, Weltraumfantasien oder Sternenkriege.

Die Interessierteren wissen im Allgemeinen, dass permanent unzählige interstellare Staubpartikel und Meteoroiden (kleine Himmelskörper) in die Atmosphäre eindringen, und nicht von ungefähr: Viele davon sind mit bloßem Auge zu sehen, denn sie hinterlassen eine Leuchtspur, wenn sie mit Molekülen in der Atmosphäre interagieren. Im Unterschied zu spektakulären Boliden (Feuerkugeln) oder Sternschnuppenschwärmen sind die kosmischen Teilchen diskreter: Sie bleiben ganz einfach unsichtbar.

Und doch ist diese Strahlung eng mit der Geschichte des blauen Planeten verbunden. Denn auch wenn die kosmischen Strahlungsteilchen teilweise vom Erdmagnetfeld abgelenkt werden, schafft es doch ein Teil in die Erdatmosphäre und prallt dort mit Atomen und Molekülen zusammen, die dabei ionisiert werden. Mit nicht unerheblichen Folgen: Die Strahlen der energetischen Teilchen, die durch diese Ionisierung entstehen, sind durch ihren Einfluss auf die DNA insbesondere für Mutationen im Erbgut verantwortlich und tragen dadurch zur ständigen Weiterentwicklung aller Lebewesen auf der Erde bei. Das heißt, die Teilchen aus dem All formen uns.

Diese energiereichen kosmischen Strahlungsteilchen, die sich mit annähernd Lichtgeschwindigkeit bewegen, sind ebenso solaren wie galaktischen oder extragalaktischen Ursprungs. Heute wissen wir, dass die kosmische Strahlung teilweise von der Sonne kommt – bei eruptiven Erscheinungen an der Sonnenoberfläche werden häufig schnelle Teilchenstrahlen ins Sonnensystem hinaus geschickt –, aber auch von gewaltigen, weit entfernten Sternexplosionen herrührt, ja sogar von Schwarzen Löchern. Bei den Teilchen handelt es sich hauptsächlich um Protonen – Wasserstoffkerne –, aber auch um Elektronen und verschiedene andere Atomkerne.

Der Strom dieser ionisierenden Teilchen macht etwa 10 Prozent der gesamten ionisierenden Strahlung aus, der die Menschen an der Erdoberfläche ausgesetzt sind. Der Anteil steigt mit der Höhe. In 2000 Meter Höhe ist er dreimal und in 4000 Meter Höhe siebenmal so groß wie auf Meereshöhe, in zehn Kilometer Höhe, dort, wo die Flugzeuge fliegen, fünfzehnmal so groß und oberhalb von 100 Kilometern einhundertmal so groß. Daher kann kosmische Strahlung in dieser Höhe Elektronikteile beschädigen, wie sie etwa in Satelliten verbaut sind. So hat ein Sonnensturm – eine anbrandende Welle energetischer Teilchen – Anfang 2022 einen Erdmagnetsturm ausgelöst, der rund 40 Starlink-Satelliten des Raumfahrtunternehmens SpaceX zum Absturz brachte, weil er verhinderte, dass sie ihre Umlaufbahn erreichten.

Auch Vielflieger und Astronauten sind regelmäßig der kosmischen Strahlung ausgesetzt – was übrigens Fragen im Hinblick auf Reisen zum Mars aufwirft, bei denen die Astronauten ohne den Schutz der Magnetosphäre beispiellose Strahlendosen abbekommen würden. Gleiches gilt, wenn auch in geringerem Maße, für Menschen, die sich in den Bergen aufhalten.

Die ersten Untersuchungen zum Thema kosmische Strahlung sind übrigens eng mit den Bergen verbunden. Zu Beginn des 20. Jahrhunderts, nach der Entdeckung der Radioaktivität, bemerken Wissenschaftler, dass ihre Instrumente etwas messen, obwohl keine radioaktive Quelle in unmittelbarer Nähe ist. Zuerst vermuten sie, es komme aus dem Boden. Um diese Hypothese zu bestätigen, nimmt der deutsche Wissenschaftler Theodor Wulf 1909 auf dem Eiffelturm Messungen vor. Doch die auf dem Turm festgestellte Intensität der ionisierenden Strahlung ist nicht so gering, wie sie laut Theorie sein müsste. 1912 untersucht auch der österreichische Physiker Victor Hess die Intensität ionisierender Strahlung in Abhängigkeit von der Höhe und steigt zu diesem Zweck mit einem Heißluftballon auf. Er stellt fest, dass die Intensität bis in 700 Meter Höhe abnimmt, darüber aber ansteigt, wobei zwischen Tag und Nacht kaum ein Unterschied besteht. Er schließt daraus, dass die Strahlung kosmischen Ursprungs ist. Victor Hess hat soeben die kosmische Strahlung entdeckt – die er damals noch Höhenstrahlung nennt, da der Fluss der einfallenden Teilchen mit zunehmender Höhe zunimmt.

Wenn, wie oben bereits beschrieben, ein kosmisches Strahlungsteilchen in die Atmosphäre eintritt, kollidiert es mit den Stickstoff- und Sauerstoffkernen in der Luft, deren Bruchstücke wiederum mit anderen Kernen kollidieren. Auf diese Weise erzeugt das Teilchen einen sekundären Teilchenschauer, den der französische Astronom Pierre Auger 1938 nachweist. Mit Hilfe von Geigerzählern – Messgeräte für ionisierende Strahlung –, die er im Abstand von etwa 200 Metern aufstellt, misst der Forscher gleichzeitig stattfindende Ereignisse. Aus den Ergebnissen zieht er den Schluss, dass die detektierten Teilchen gleichzeitig in der Atmosphäre produziert worden sind und von einem einzelnen, aus dem All kommenden Primärteilchen herrühren.

Der Teilchenstrom, aus dem dieser atmosphärische Schauer besteht, ist beachtlich. Man schätzt, dass jede Sekunde rund 100 Teilchen auf jedem Quadratmeter der Erdoberfläche auftreffen. Eine Entdeckung, die Auger im Observatorium auf dem Jungfraujoch gemacht hat.

*
* *

Ich merke schnell, dass Rolf mehr zu vermitteln hat als die Resultate seiner Arbeit. Seit 40 Jahren pendelt er zwischen der Universität Bern und der Forschungsstation hin und her, und was er erzählt, handelt ebenso von der Wissenschaft wie von den Menschen, die sie betreiben. Während ich ihm lausche, frage ich mich, welche Geschichten mir lieber sind, diejenigen, die schon geschrieben sind, oder die, die noch geschrieben werden.

Während ich mich von dem Physiker durch das Gebäude führen lasse, denke ich an die Schneehöhle, die Wissenschaftler ganz in der Nähe in einen Hang des Mönchs gegraben haben, um den Gipfeln nahe zu sein und die kosmische Strahlung zu messen. Eine Mischung aus menschlichem Ehrgeiz und kühnem, visionärem Unternehmungsgeist hat dafür gesorgt, dass aus dem Iglu mittlerweile eine komfortable Station geworden ist. Dieses Gebäude und das Iglu, zwei Refugien, die unterschiedlicher nicht sein könnten und doch demselben Zweck dienen: eins zu werden mit den Bergen und von ihren Gipfeln aus den Geheimnissen der Welt auf den Grund zu gehen.

Die alpine Forschungsstation ist heute ein wahres Wissenschaftsmuseum. Ausstattung und Mobiliar spiegeln das frühe 20. Jahrhundert wider. Selbst die Elektroinstallationen, noch aus Porzellan, stammen aus jener Zeit! Die altmodischen Schränke in den Labors sind verglast, sodass die Messkolben, Bechergläser und Metallspatel darin zu sehen sind. Die Spülen sind aus dicker Keramik und die Wände mit echten Fliesen verkleidet, die niemals altern. Irgendwo unter den Schwarzweißfotos entdecke ich sogar das von Pierre Auger.

Die Forschungsarbeit, die hier geleistet wird, ist durch die Zahnradbahn erleichtert worden, die es seit 100 Jahren ermöglicht, ohne große Mühe und unabhängig von der Jahreszeit Material, Gerätschaften und Wissenschaftler auf den Berg zu bringen. Anfangs wurde hier hauptsächlich in den Bereichen Astronomie und Medizin geforscht. Mehrere Jahre nach der Errichtung des ersten Gebäudes kam 1937 ein zweites hinzu, das nach der Felsenkuppe benannt wurde, auf der es gebaut ist – Sphinx – und das der Beobachtung des Wettergeschehens und der Erforschung der kosmischen Strahlung gewidmet war, aber auch der Astronomie und der Untersuchung der Sonnenatmosphäre.

Heute stehen Forschungsarbeiten zur Umwelt im Vordergrund. Das Zentrum besitzt eine bedeutende Messstation, die die Konzentration der atmosphärischen Bestandteile überwacht und ihre Daten mit schweizerischen und internationalen Netzwerken wie dem *Global Atmosphere Watch* (»Globale Überwachung der Atmosphäre«) austauscht. Die Untersuchung der Atmosphäre in der Höhe hat insbesondere den Vorteil, dass lokale Störeinflüsse wie die städtische Luftverschmutzung hier nicht zutage treten. Ich bin verblüfft, als Rolf mir erzählt, dass beispielsweise Aerosolmessungen der Luft auf dem Jungfraujoch viel darüber aussagen, inwieweit die verschiedenen europäischen Länder das Pariser Abkommen einhalten: Unter Berücksichtigung von Wind und Höhenströmungen lässt sich nämlich ermitteln, woher die Aerosole stammen. Kurzum, Spionage via Luftströmungen.

Die durch die Seilbahn ermöglichte Zugänglichkeit der Station für Touristen erschwert allerdings die Aufgabe der Physiker. Jeden Tag tummeln sich Hunderte auf den Terrassen unterhalb des Sphinxgebäudes, wo Instrumente permanent Messungen der Atmosphäre vornehmen. Um die Besucher für das Problem zu sensibilisieren, steht auf einem Schild: *We breath in, what you breath out* (»Wir atmen ein, was Sie ausatmen«).

Früher, so erzählt mir Rolf, hätten die Wissenschaftler häufig hier oben in der Forschungsstation übernachtet, aber das komme heute immer seltener vor, da die Experimente vollautomatisch betrieben werden. Er erinnert sich wehmütig an die Stimmung in früheren Zeiten und bedauert es, dass der Austausch unter Kollegen immer rarer wird.

Rolf ist nicht der Einzige, der die Station schon so lange frequentiert. Seit den 1950er-Jahren arbeitet hier oben ein Team der Universität Lüttich, das damals begann, die Zusammensetzung der Sonnenatmosphäre zu erforschen. Eine Wissenschaftlerin der belgischen Gruppe kommt immer noch in die Station herauf, obwohl sie schon über 80 Jahre alt ist! Ich kann verstehen, dass sich manche diesem Ort mehr als nur wissenschaftlich verbunden fühlen. Wissenschaft besteht vor allem aus langen, menschlichen Geschichten.

Die langjährigen Aufzeichnungen des Sonnenspektrums durch das Lütticher Forscherteam haben gleichzeitig auch Daten über die Erdatmosphäre geliefert. Diese galten lange als »Verunreinigungen«, die das Messergebnis verfälschten – man musste die Absorptionslinien der Erdatmosphäre entfernen, um die der Sonnenatmosphäre zu erhalten, wobei erstere leicht zu erkennen waren, da sie sich im Gegensatz zu letzteren im Verlauf des Tages veränderten. Heute stellen die Wissenschaftler fest, dass diese Daten für das Verständnis der Dynamik des Planeten von großer Bedeutung sind. Die Klimaerwärmung hat die Umweltphysik in den Mittelpunkt der Bemühungen gerückt. Das verleiht den Aufzeichnungen, die in den Schränken auf dem Jungfraujoch schlummern, eine ganz neue Bedeutung. Das Team hat über 50 Jahre lang Messungen in der Erdatmosphäre vorgenommen und dabei präzise Daten gesammelt, die sich mit dem aktuellen Zustand der Luft vergleichen lassen.

»Das verstehe ich unter guter Wissenschaft«, vertraut mir Rolf an. »Alle Daten aufbewahren, auch die, die als nutzlos erachtet werden. Wer weiß, was sie uns später sagen werden?«

* * *

Der Physiker beschäftigt sich vor allem mit der solaren kosmischen Strahlung, die von der Sonne produziert wird, und mit der Frage, in welchem Zusammenhang die galaktische kosmische Strahlung mit der Sonnenaktivität steht. Man hat nämlich festgestellt, dass der elfjährige Zyklus der Sonnenaktivität Einfluss auf die kosmische Strahlung hat: Bei maximaler Aktivität ist die Intensität der Strahlung galaktischen Ursprungs schwächer als bei minimaler. Andererseits ist in Perioden hoher Sonnenaktivität häufiger eine hohe kosmische Strahlung zu verzeichnen, die von unserem Stern kommt.

Der Wissenschaftler zeigt mir den Detektor, mit dem er arbeitet. Es handelt sich um einen Neutronenmonitor, der seit 1958 ununterbrochen in Betrieb ist und dessen Datensammlung bereits mehr als fünf Sonnenzyklen abdeckt. Das Gerät verdankt seinen Namen dem Umstand, dass es fast ausschließlich die Neutronen unter den Sekundärteilchen der kosmischen Strahlung detektiert.

Seit über 100 Jahren wird auf dem Jungfraujoch die kosmische Strahlung erforscht. Diese Arbeit war immer sehr wichtig und ist es noch heute. So dient die Analyse der von den Neutronenmonitoren gelieferten Daten beispielsweise dazu, mehr über die hochenergetischen Prozesse auf der Sonne wie Eruptionen oder koronale Massenauswürfe – bei denen vorwiegend Protonen beschleunigt und freigesetzt werden – zu erfahren, aber auch über den Transport der kosmischen Strahlung im erdnahen interplanetaren Raum. Diese Daten fließen in die boomende Forschungsdisziplin des Weltraumwetters ein. Hier werden mögliche Auswirkungen von Störungen im erdnahen Raum untersucht, also wie sich beispielsweise Sonnenstürme (die sich im Anbranden energetischer Teilchen äußern) auf unsere elektronischen Geräte und auf die belebte Welt auswirken.

Darüber hinaus spricht Rolf von Versuchen, möglichen Zusammenhängen zwischen dem Fluss kosmischer Strahlung in Erdnähe und dem Klima nachzugehen. Könnte die kosmische Strahlung die Bildung von Aerosolen beeinflussen, die wiederum für die Bildung von Wolken verantwortlich sind? Er schildert mir das in der Kernforschungseinrichtung CERN laufende CLOUD-Experiment, mit dem man herauszufinden versucht, ob ein Zusammenhang zwischen der kosmischen Strahlung und den Wolken besteht, doch die bisherigen Ergebnisse deuten darauf hin, dass sie keinen maßgeblichen Einfluss auf die Wolkenbildung und somit auf die Klimaentwicklung hat.

Von der Vielzahl kosmischer Strahlungsteilchen, die auf die Erde treffen, bereitet eine Kategorie den Physikern schon seit langem Kopfzerbrechen: Teilchen, die sich mit ultrahoher Geschwindigkeit bewegen und einhundert Milliarden mal energiereicher sind als die anderen. Ihre Existenz gibt nach wie vor Rätsel auf.

Diese höchstenergetischen kosmischen Partikel sind selten: Ihre geschätzte Ankunftsrate liegt bei einem Teilchen pro Quadratkilometer und pro Jahrhundert. Doch nur die Analyse einer größeren Anzahl solcher Ereignisse eröffnet die Möglichkeit, der Natur der Beschleunigungsvorgänge auf den Grund zu gehen. Untersucht man die Parameter des von dem kosmischen Strahlungsteilchen ausgelösten sekundären Teilchenschauers – bestehend aus Elektronen, Protonen, Neutronen und vor allem Myonen –, kann man daraus Rückschlüsse auf die Eigenschaften der primären kosmischen Strahlung vor ihrem Eintritt in die Atmosphäre ziehen. Dort, wo der Schauer auf die Erde prasselt, kann der Boden bis zu 100 Milliarden Teilchen enthalten. Um sie zu detektieren, hat eine internationale Arbeitsgruppe auf einer Hochfläche in Argentinien in 1300 Meter Höhe ein riesiges Detektorsystem errichtet, das sich über 3000 Quadratkilometer erstreckt. Das Pierre-Auger-Observatorium, benannt nach dem Entdecker der sekundären Teilchenschauer, ist mit Tausenden von Instrumenten ausgestattet, um kosmische Strahlungsteilchen in ausreichender Zahl zu erfassen.

Was den Ursprung der höchstenergetischen Teilchen angeht, wurden verschiedene Hypothesen aufgestellt. Einer zufolge könnten sie bei kosmischen Großereignissen wie der Explosion eines massereichen Sterns (Supernova) ins All geschleudert und dann durch zahlreiche Kollisionen in den rasch expandierenden Gaswolken beschleunigt worden sein. Eine andere vermutet in den massereichen Schwarzen Löchern, die in den Zentren der Galaxien sitzen, eine indirekte Quelle dieser kosmischen Strahlungsteilchen. Was deren Entstehung angeht, legen die neuesten Modelle nahe, dass sie auf die Anfänge des Universums zurückgeht.

Nachdem das Pierre-Auger-Observatorium zehn Jahre lang Daten gesammelt hatte, veröffentlichte es 2017 erste Ergebnisse. Es hatte rund 30 000 höchstenergetische Strahlungsteilchen erfasst und untersucht. Es steht fest, dass sie extragalaktischer Herkunft sind. Wahrscheinlich stammen sie aus aktiven Galaxien, deren Kern mehr Licht abgibt als normal, da sich in ihrem Zentrum ein supermassereiches Schwarzes Loch befindet. Auf welche Weise die Teilchen entstehen, ist hingegen noch ungeklärt.

*
* *

Die kosmische Teilchenstrahlung, in deren Natur uns die Berge Einblicke gewähren, ist, ob nun hoch- oder höchstenergetisch, ob von der Sonne oder aus weit entfernten Galaxien stammend, eine unsichtbare Gestalterin alles Lebendigen in der langen Geschichte des Lebens. Obwohl die Teilchen und die Strahlendosen unendlich klein sind, sind sie unverzichtbare Akteure der Evolution auf unserem Planeten und zeugen von dem unmerklichen, aber mächtigen Band, das unsere Existenz mit dem Kosmos verbindet. Da oben, nahe den Gipfeln, entschlüsseln Forscher wie Rolf Bütikofer beim Kontakt mit ihnen einen Teil des Mysteriums der Welt.

11/ DIE AUGEN DER GIPFEL

»Um so weit oben zu arbeiten, musst du die Berge und den Schnee lieben«, erklärt mir Erich. »Vor allem aber brauchst du ein gesundes Herz.«

Zusammen mit Rolf besuche ich im Sphinx-Observatorium Erich Furrer, einen kernigen, graubärtigen Gebirgsbewohner. Er und seine Partnerin Daniela sind das Betriebswartepaar der hochalpinen Forschungsstation auf dem Jungfraujoch. Wie Till im Schneefernerhaus überwachen sie die Experimente und halten den Kontakt zu den Wissenschaftlern, die nicht vor Ort sind. Sie wohnen in der Station und wechseln sich alle zwei Wochen mit einem anderen Paar ab.

»Wir mussten vor der Einstellung eine Nacht probeschlafen«, betont Erich. »Neuankömmlinge haben in großer Höhe oft Schlafschwierigkeiten.«

Er nimmt hier oben vielfältige Aufgaben wahr. Zu seinen täglichen Pflichten gehören beispielsweise Wetterbeobachtungen mit bloßem Auge. Von 8 bis 20 Uhr – und von 7 bis 19 Uhr im Winter – geht Erich alle drei Stunden in den verglasten Raum mit 180-Grad-Blick, in dem wir uns getroffen haben, und notiert seine Beobachtungen zur Beschaffenheit des Himmels, zu Sichtweite und Bewölkung.

»Das ist ja eine wahrhaft poetische Beschäftigung!« Die Bemerkung kann ich mir nicht verkneifen und bringe die beiden Männer zum Schmunzeln.

»Ich arbeite sehr gerne hier oben«, vertraut mir der Betriebswart an. »Dieser Ort ist wirklich etwas ganz Besonderes. Allein schon wegen seiner Geschichte: Er existiert seit annähernd 100 Jahren. Was mir aber am meisten gefällt, ist, dass ich bei diesem Abenteuer dabei sein darf und mit den Wissenschaftlern zusammenarbeiten kann. Hier gibt es weder Professor noch Techniker, hier duzen sich alle, und alle Beiträge sind gleich viel wert.«

»Ohne die Anwesenheit Erichs und seiner Lebensgefährtin würde niemand gute Messergebnisse erhalten«, ergänzt Rolf.

Ich frage den Hausmeister auf dem Jungfraujoch nach der wichtigsten Botschaft, die er mir mitgeben möchte.

»Jeder Wissenschaftler hier oben wünscht sich eine sauberere Zukunft«, antwortet er ohne Zögern.

Rolf nickt zustimmend. Nicht zum ersten Mal höre ich diesen Wunsch von Wissenschaftlern, die auf den Pulsschlag der Berge hören und sie besser kennen als jeder andere. Die Landschaft der Täler und Ebenen wird seit Jahrhunderten, ja seit Jahrtausenden von der Menschheit gestaltet. Dagegen sind die Berge erst in jüngerer Zeit mit der Zivilisation in Berührung gekommen. Sie sind noch unberührte, fragile Inseln und bekommen die Auswirkungen von Umweltverschmutzung und Klimawandel, deren erste Zeugen diese Wissenschaftler sind, voll zu spüren.

»Ich würde dir gern noch das Sphinx-Teleskop zeigen«, schlägt Rolf vor.

Wir verlassen Erich und begeben uns in die Kuppel, die dem Gebäude 1950 auf der anderen Seite aufgesetzt wurde. Zu meinem großen Bedauern ist das optische Gerät außer Betrieb und mit einem riesigen Tuch zugedeckt.

»Es wird nicht mehr oft benutzt«, erklärt mir der Wissenschaftler. »Die Weltraumbeobachtung hat sich in ferne Länder verlagert. Für einen europäischen Astronomen ist es heute erheblich kostengünstiger, irgendwo hinzufliegen, wo es trockener ist und fast täglich ein klarer

Himmel garantiert ist, als in den Alpen auf ein günstiges Wetterfenster zu warten, das wahrscheinlich eh nicht kommt.«

Das Sphinx-Observatorium bringt mich wieder zum Sinnieren. Ich erinnere mich an das zweite Rätsel, das die Sphinx, ein Wesen halb Mensch, halb Löwe, Ödipus stellte: Wer sind die beiden Schwestern, die sich stets gegenseitig erzeugen? Die Antwort lautet Tag und Nacht, die im Altgriechischen beide feminin sind. Die Sphinx auf dem Jungfraujoch ist nach dem Vorbild des Mythos ein Observatorium, das am Taghimmel das Wetter und am Nachthimmel die Sterne beobachtet.

*
*   *

Die Nacht entzündet die Lichter des Kosmos. Überall im Universum gibt es Licht. Es sind die Sterne, die es hauptsächlich ausstrahlen. Der Mond oder die Planeten, die wir von der Erde aus beobachten, reflektieren nur das Licht der Sonne, und auch wenn bestimmte Lebewesen durch Biolumineszenz selbst Licht produzieren können – und auch wir Menschen Verfahren zu seiner Erzeugung entwickelt haben, von der Glühbirne bis zum Laser –, spielt das alles eine untergeordnete Rolle im Vergleich zu den unzähligen Photonen (Lichtteilchen), die im Weltall zirkulieren.

In der Geschichte der Wissenschaften wurde Licht mal als Welle betrachtet – es zeigt sich im Vakuum wie kleine Wellen an der Oberfläche von Wasser, nachdem ein Stein hineingefallen ist –, mal als etwas, das aus Korpuskeln (kleinsten Teilchen) besteht. Erst die moderne Physik in Gestalt der Quantenmechanik löst im Laufe des 20. Jahrhunderts das Dilemma, indem sie, vereinfacht gesagt, postuliert, dass Licht aus Teilchen besteht und sich wie eine Welle verhält. Es ist dualer Natur und überwindet in diesem Sinn die Klassifizierungsversuche einer überholten Wissenschaft.

Große Höhen eignen sich besser für astronomische Beobachtungen, weil die Luft dort klarer, die Atmosphäre sauber und transparent ist.

Seit der Eroberung der Gipfel sind zwar vielerorts auf der Welt Bergobservatorien gebaut und mit Fernrohren oder Teleskopen ausgestattet worden, doch hat man bis dahin nur das aus dem Weltraum kommende sichtbare Licht erforscht. Im 19. Jahrhundert entdeckt man nun das elektromagnetische Spektrum und die gesamte Palette des nicht sichtbaren Lichts. Die Astronomen richten neue Instrumente in den Kosmos, die diese Strahlen nachweisen können und die ihnen die Weiten des Alls von einer neuen Seite zeigen – so wie Galilei 1601 zum ersten Mal ein Fernrohr in den Himmel richtete und dort verwundert etwas sah, was noch niemand gesehen hatte. Im Laufe des 20. Jahrhunderts werden die optischen Teleskope perfektioniert oder durch Instrumente ersetzt, die noch größer und leistungsfähiger sind und die Möglichkeit bieten, das Unsichtbare zu erkunden.

Was wir Licht nennen, ist in Wirklichkeit vielfältig. Das Licht, das es uns ermöglicht, die Welt und ihre Farben zu sehen, ist Licht im engeren Sinne, das heißt für uns sichtbare Strahlung. Das ist das Licht, das hauptsächlich von der Sonne abgegeben wird, daher ist es nur logisch, dass sich unser Sehvermögen daran angepasst hat. Doch das sichtbare Licht stellt nur einen kleinen Ausschnitt aus dem Gesamtspektrum der elektromagnetischen Wellen dar, die zu uns gelangen. Im Universum existieren viele andere Arten von Strahlen, für die unsere Netzhaut nicht empfänglich ist: Infrarot- und ultraviolette Strahlen, Radio-, Gamma- und Röntgenstrahlen. Diese Strahlen transportieren, genau wie die sichtbaren, Bilder und Informationen.

Um sie aufzufangen, haben Astronomen die Berge mit multifunktionalen Augen ausgestattet. Moderne optische Teleskope können kosmische Infrarotstrahlung erfassen, manchmal sogar nahe UV-Strahlung, die von der Erdatmosphäre wenig absorbiert wird. Das größte der Welt, das Gran Telescopio Canarias auf der Kanareninsel La Palma, hat einen Spiegeldurchmesser von über zehn Metern und befindet sich in annähernd 2400 Meter Höhe. Das Observatorium auf dem Gipfel des

Vulkans Mauna Kea auf Hawaii, aufgrund der extrem trockenen, sauberen Luft und der geringen Lichtverschmutzung für astronomische Beobachtungen bestens geeignet, fängt das Himmelslicht in 4145 Meter Höhe mit Hilfe zweier Teleskope ein. Deren Durchmesser beträgt je knapp zehn Meter, die beiden Teleskope können jedoch auch gemeinsam betrieben werden und erzielen dabei eine Auflösung, die der eines Teleskops mit 85 Metern Spiegeldurchmesser entspricht.

Schließlich wäre da noch das aus vier Einzelteleskopen bestehende *Very Large Telescope* auf dem 2635 Meter hohen Berg Cerro Paranal in der chilenischen Atacamawüste, wo optimale atmosphärische Bedingungen herrschen. Die Teleskope haben einen Spiegeldurchmesser von je 8,2 Metern und können ebenfalls zusammengeschaltet werden. Sie sind darüber hinaus noch mit verschiedenen anderen Komponenten verbunden, was dieses Observatorium zum leistungsstärksten der Welt macht und ihm den Spitznamen »Tal der Photonen« eingebracht hat.

Um noch weiter »sehen« zu können, werden zurzeit riesige Instrumente gebaut. So etwa das *Extremely Large Telescope* (ELT) in Chile, dessen Spiegeldurchmesser 39,3 Meter betragen wird, oder das *Thirty Meter Telescope* (TMT) auf dem Mauna Kea. Dessen Installation stößt allerdings auf den Widerstand der indigenen hawaiianischen Bevölkerung, für die der Berg – der im Übrigen bereits ein Dutzend Teleskope beherbergt – eine heilige Stätte ist, die sie durch das Projekt ebenso bedroht sieht wie den dortigen Nationalpark. Das wirft Fragen nach der Koexistenz von wissenschaftlicher Forschung, Kultur und Ökologie auf: Wie lassen sich verschiedene Arten, die Welt zu sehen und den Kosmos zu verehren, miteinander vereinbaren?

Die Arbeit von Radioteleskopen – mit denen Radiowellen empfangen und gemessen werden – wird durch menschliche Störquellen (Computer, Handys, Radiosender usw.) beeinträchtigt, daher sind sie eher in hochgelegenen Wüstengebieten zu finden. Um ihre Leistung zu verbessern, kombinieren die Wissenschaftler Signale, die mehrere, entfernt voneinander positionierte Instrumente empfangen. Das größte namens Alma verfügt über 66 Antennen, die in 5100 Meter Höhe auf einem Hochplateau in der chilenischen Atacamawüste aufgestellt sind. Das uns näher liegende Observatorium Norma auf dem Plateau de Bure in den französischen Hochalpen in über 2500 Meter Höhe ist mit zwölf Antennen ausgestattet und damit das leistungsstärkste auf der Nordhalbkugel.

Röntgen- und Gammastrahlen werden vollständig von der Erdatmosphäre verschluckt. Die Beobachtung dieser Strahlen muss daher in noch größerer Höhe erfolgen, eine Aufgabe, die satellitengestützte Weltraumteleskope übernehmen. Diese Instrumente überwinden zwar den atmosphärischen Filter, doch sind sie, und das ist die Kehrseite der Medaille, nicht so imposant und leistungsstark wir ihre Pendants am Boden.

Jede Art von Licht offenbart eine bestimmte Seite des Kosmos. So lassen sich mit der Infrarotastronomie beispielsweise Objekte erkennen, die in einem dichten Gasnebel verborgen sind, insbesondere Sterne, die im Entstehen begriffen sind. Im ultravioletten Bereich sehen die Astronomen sehr heiße Sterne wie die Blauen Riesen, im Röntgenbereich extrem dichte Körper wie Neutronensterne oder Schwarze Löcher, im Gammabereich die energiereichsten und heftigsten Vorgänge im Universum wie gigantische Sternexplosionen (Supernovae) oder die Vorgänge um supermassereiche Schwarze Löcher. Schließlich haben Radiowellen die Entdeckung von Pulsaren ermöglicht – Sternen, die wie Leuchttürme in regelmäßigen Abständen Strahlung aussenden –, von Quasaren – extrem alten Galaxien – und auch die Entdeckung der kosmischen Hintergrundstrahlung, des ersten Lichts, das kurz nach dem Urknall im Universum ausgesandt wurde: Das Bild des Himmels ist in diesem Lichtspektrum gleichmäßig ausgeleuchtet, denn die Hintergrundstrahlung ist sehr homogen.

Im Allgemeinen erforschen optische Teleskope das heiße Universum, also das der Sterne, auf denen mehrere tausend Grad Celsius herrschen. Radioteleskope erkunden das kalte Universum mit Temperaturen um

-250 °C und erfassen elektromagnetische Strahlung in Form von Radiowellen, die von den kältesten Himmelskörpern ausgehen. Strahlung und Temperatur hängen eng miteinander zusammen. Ein und derselbe Himmelskörper kann Strahlen in verschiedenen Frequenzen emittieren, doch die moderne Astronomie vermag verschiedene Beobachtungen miteinander zu verknüpfen und so zu einem umfassenden Verständnis zu gelangen.

*
* *

Dank ihrer physikalischen Kenntnisse haben die Astronomen ihre Beobachtungsinstrumente immer weiter verbessert und sind dadurch zu Astrophysikern geworden. Aber nicht nur: Sie sind auch Historiker des Universums geworden. Da sich das Licht, das wir sehen, mit endlicher Geschwindigkeit ausbreitet (mit rund 300 000 Kilometern pro Sekunde), sehen wir niemals den Jetzt-Zustand der Welt. Wir nehmen sie immer mit einer Verzögerung wahr. Wenn wir also tiefer ins Universum hineinblicken, empfangen wir Bilder einer ferneren Vergangenheit und rekonstruieren dadurch seine Geschichte.

Die Entdeckung dieser großen kosmischen Historie liegt noch nicht lange zurück. Sie ist kaum 100 Jahre alt. Bis dahin hielt die Wissenschaft den Kosmos und die Himmelskörper für unveränderlich und zeitlos. Heute wissen wir, dass selbst Sterne geboren werden und sterben. Diese Geschichte, deren Anfang lediglich die Grenzen unseres Wissens markiert, erzählt, wie vor ungefähr 14 Milliarden Jahren die Materie begann, sich zu organisieren, die ersten Atome bildete, die ersten Sterne, schließlich Galaxien, und dann Generationen und Generationen von Sternen, die bald von Planeten begleitet wurden. Und zumindest auf einem von ihnen ist Leben entstanden.

Die Geschichte, die uns die Astrophysiker erzählen, ist die Geschichte jedes Einzelnen von uns, denn wir leben in diesem Universum. Es hat uns hervorgebracht, ebenso alles, was existiert. Dadurch fügt es die Existenz des Menschen einem Tableau hinzu, das größer ist denn je, und verknüpft sie mit den Sternen. Denn im Innern dieser Sterne werden die Atome geschmiedet, aus denen wir bestehen.

Die Sterne entstehen aus Gaswolken, die reich an Wasserstoff sind: den Sternnebeln. Unter bestimmten Bedingungen, wenn zum Beispiel in der Nähe ein massereicher Stern explodiert, verdichten sich die Gaswolken. Die Wasserstoffatome ballen sich durch Gravitation zusammen, und schließlich setzen Kernreaktionen ein: Wasserstoffkerne, einfache Protonen, verschmelzen zu Helium. Dabei wird Energie in Form von Licht freigesetzt, und die Sterne beginnen zu leuchten. Sterne werden häufig mit Zwillingen geboren, die zwar gleich alt, aber nicht unbedingt gleich groß sind.

Über Jahrmilliarden oder Jahrmillionen, je nach Größe des Sterns, laufen im Innern Fusionsreaktionen ab, bis der Wasserstoff knapp wird. Sein Kern, der in diesem Stadium überwiegend aus Helium besteht, zieht sich erneut zusammen, und die Heliumkerne fusionieren ihrerseits zu Kohlenstoff. Aus dem Stern wird ein Roter Riese. Bei den größten verschmelzen Kohlenstoff- und Heliumkerne noch zu Sauerstoff, und so weiter. Es entstehen andere Kerne wie Magnesium oder Silicium und schließlich Eisen, das letzte Element, das im Sterninnern gebildet wird.

Am Ende seines Lebens verdichtet sich der Stern immer mehr, bis er in sich zusammenbricht. Die größten explodieren in einer Supernova und schleudern die von ihnen produzierten Atomkerne ins All hinaus. Bei der Explosion selbst entstehen noch schwerere Atomkerne bis hin zu Uran. Auch das Gold, aus dem wir unseren Schmuck machen, ist aus dem Tod eines Sterns hervorgegangen. Die Nukleosynthese – die Bildung von Atomkernen – findet hauptsächlich im Innern von Sternen statt. Ausnahmen bilden der Wasserstoff, der in der Frühphase des heißen

Universums entsteht, und einige andere, etwas schwerere Elemente, die sich im interstellaren Raum bilden.

Bestand der Urnebel, in dem sich die ersten Sterne bildeten, hauptsächlich aus Wasserstoff, so sind die Nebel, in denen sich die künftigen Generationen bilden, mit neuen Atomen durchsetzt. Bei der Fusion eines Sterns werden Staubteilchen von seiner Rotation mitgerissen und umkreisen sein Zentrum. Diese Teilchen ballen sich nach und nach zu Brocken zusammen, die immer weiter wachsen und zu Planeten werden können. Auf diesen Planeten, die sich aus der im Innern verschwundener Sterne erzeugten Materie gebildet haben, kann schließlich Leben entstehen.

Wir sind also, da aus stellarer Materie geformt, »die Kinder der Sterne«, wie es der Astrophysiker Hubert Reeves treffend formuliert hat. Die Sterne betrachten bedeutet daher, unsere Ursprünge zu sehen. Zwar hat die Wissenschaft diese Verwandtschaft mit den Sternen erst in jüngerer Zeit aufgedeckt, doch hat die Menschheit ihre Spiritualität schon immer in diesem unbekannten Himmel verankert.

Die moderne Wissenschaft und die Teleskope, mit denen sie einige Berge ausgestattet hat, haben es uns ermöglicht, unseren Blick auf die Welt zu erweitern: Die durchgeführten Beobachtungen zeigen uns, wie die ersten Sterne und andere Planetensysteme entstanden sind, und animieren uns dazu, die Atmosphäre von Exoplaneten – Planeten außerhalb unseres Sonnensystems – zu erforschen. Und dazu, die Theorien über die Entwicklung des Universums und der Himmelskörper zu bestätigen, aus denen es besteht.

Die Theorien über die Geschichte des Lebens auf der Erde speisen sich dagegen aus der Beobachtung erstaunlicher Ökosysteme am Meeresboden: der hydrothermalen Quellen, die die mittelozeanischen Rücken schmücken und einen Teil der Hitze im Planeteninnern nach außen leiten. Die Forscher beobachten dort üppiges Leben, und manche glauben, dass es dort in direktem Zusammenhang mit der Plattentektonik entstanden ist, die von der Bildung unserer Gebirge erzählt.

Die große Erzählung, die uns die Berge bieten, im Himmel, auf der Erde und in den Meeren, verknüpft das unendlich Große mit dem unendlich Kleinen, die Sterne mit den biologischen Organismen. Sie macht aus den Bergen wahre Botschafter des Kosmos in seinem ursprünglichen Sinn, eines Kosmos, der alles Existierende umfasst, von den Sternen und den Gesteinen bis zu den Lebewesen.

*
* *

Wir haben die Kuppel verlassen, und Rolf zeigt mir in einem Labor, das der Umweltforschung gewidmet ist, verschiedene Luftproben, die man hoch oben in den Alpen auf dem Jungfraujoch genommen hat. Eine davon enthält Saharastaub. Auf der Erde interagiert alles mit allem.

»Ich habe dir noch gar nicht von dem französischen Physiker Audouin Dollfus erzählt, der sich auf Ballonfahrten in die Stratosphäre spezialisiert hat. Er kam 1963 mit seinem Teleskop, das er von der Gondel seines Ballons abmontiert hatte, hier herauf, mitten im Januar, als die extremen winterlichen Bedingungen herrschten, die er für seine Messungen brauchte. Das musst du dir vorstellen: -35 °C, ein Nordwind aus Skandinavien, der eiskalte und trockene Luft brachte. Anhand seiner Messungen konnte er Wasserdampf in der Atmosphäre des Planeten Mars nachweisen, noch bevor die ersten Sonden hinflogen!«

Der Tag geht zu Ende, und zum Abschluss spreche ich mit ihm über seinen eigenen Werdegang und frage, was ihn auf das Jungfraujoch geführt hat. Er bekommt leuchtende Augen.

»Als Student war ich ein paar Tage zum Skifahren in der Region um das Jungfraujoch und habe das Sphinx-Observatorium da oben gesehen. Ich wusste, dass es in Bern eine Forschungsgruppe gab, die dort einen Detektor für kosmische Strahlung betrieb, und ich habe mir gesagt, dass das für meine Diplomarbeit nicht schlecht wäre. Aber vielleicht war es auch der Gipfel der Jungfrau, der mich gerufen hat.«

Rolf lächelt, doch ich spüre, dass in seinem Scherz ein Körnchen Wahrheit steckt, ein Hauch von Mystik. Nach all den Stunden, die ich in der Höhe verbracht habe, verstehe ich die tiefe Leidenschaft dieser Wissenschaftler für die Berge.

12/
IN DER NACHT

Im Jahr 1999 fördern Grabräuber nahe der Stadt Nebra in Sachsen-Anhalt eine Bronzeplatte von 32 Zentimetern Durchmesser zutage, auf der Himmelskörper aus Gold dargestellt sind: eine Mondsichel, die Sonne, Sterne. Was folgt, liest sich wie ein Thriller: Die Scheibe wechselt mehrmals den Besitzer, wandert von Hand zu Hand, ehe das Land Sachsen-Anhalt von ihrer Existenz erfährt und zusammen mit der Polizei einen Scheinkauf einfädelt, um sie in seinen Besitz zu bringen. Denn das Objekt ist von unschätzbarem Wert: Es handelt sich um die älteste bis dahin bekannte Darstellung des Himmelsgewölbes.

Die 3600 Jahre alte Scheibe von Nebra zeugt von dem innigen Verhältnis unserer Vorfahren zum Nachthimmel und den Sternen. Sie stellt einen Herbsthimmel mit den Plejaden dar, einem mit bloßem Auge sichtbaren Sternhaufen, dessen Erscheinen den Beginn der Erntezeit markiert, hier symbolisiert durch eine Gruppe von sieben Sternen. Zwei goldene Bögen am linken und rechten Rand bilden zudem den Abstand zwischen den Horizontpunkten ab, an denen die Sonne an den Winter- und Sommersonnenwenden auf- und untergeht. Somit wäre die Scheibe eine Art Gedächtnisstütze für astronomisches Wissen. Bemerkenswert ist auch, dass der Brocken, die höchste Erhebung Norddeutschlands, von der Fundstelle der Scheibe bei Nebra zu sehen ist und dass die Sonne an der

Sommersonnenwende direkt hinter dem Berg untergeht. Wir sehen, dass Sterne wie Berge schon unsere Vorfahren fasziniert haben.

Jeden Abend, wenn es dunkel wird, begegnet die Menschheit den Sternen und stellt sich Fragen. Sie projiziert mythische Figuren in die Gestirne oder liest Botschaften aus ihnen, bringt mit Sternbildern Ordnung ins All und nimmt die Zyklen von Himmelskörpern als Grundlage für die ersten Kalender. Verwundert entdeckt sie mit Galileis erstem Fernrohr die Jupitermonde und erkundet heute mit Riesenteleskopen die Tiefen des Alls. Allerdings macht heute der moderne Mensch die Nacht durch künstliches Licht zum Tag.

Die Nacht ist also gar nicht dunkel, ganz im Gegenteil. Sie lüftet den Vorhang, den die Sonne über den Tag breitet wie einen dichten Schleier. Einen Schleier, der bei schönem Wetter blau ist, weil die Erdatmosphäre das Sonnenlicht streut und hauptsächlich diese Farbe durchlässt. Der blaue Himmel verbirgt die Unendlichkeit, verstellt den Blick ins Universum, das uns umgibt und in dem wir leben. Wenn dann am Abend der Vorhang aufgeht, sehen wir schließlich die unermessliche Weite, die wir bewohnen, und den Kosmos, in dem wir wurzeln.

Vom Sonnenlicht genährt, aus Sternenmaterie gemacht und von kosmischen Strahlen geformt, sind wir, mehr noch als die Sterne, Kinder des Kosmos. Und der beste Ort, um mit ihm in Verbindung zu treten, sind die Berge, dank ihrer klaren Luft – nirgendwo ist die Nacht schöner – und ihrer abgeschiedenen Lage, fernab von Zivilisation und Lichtverschmutzung. Dort oben können wir, die Himmelsscheibe von Nebra im Hinterkopf, wie unsere Vorfahren die Beziehung zu den Sternen wieder aufnehmen und unserer beeindruckenden Vergangenheit begegnen.

* * *

In meinem Bekanntenkreis gibt es eine Frau, die das Universum und die Berge auf ihre ganz eigene Art erforscht, eine inspirierende Persönlichkeit. Bei allem, was sie tut, versucht sie, durch Bilder den Blick zu schärfen und durch das, was uns die Wissenschaft über Landschaften und ihre Bestandteile erzählt, die Herzen der Menschen zu erreichen. Die Physikerin und Lehrerin ist auch Nachtfotografin. Sie heißt Carole Reboul.

Wir verabreden uns für einen Augustabend in den Cevennen, einer der schönsten Regionen Frankreichs, um nächtliche Panoramen zu betrachten. Sie und ihr Lebensgefährte haben mich dazu eingeladen, in der Abenddämmerung den 1421 Meter hohen Mont Bougès zu besteigen. Wir treffen uns auf dem Col du Sapet und wandern los, als die Sonne bereits tief am Himmel steht. Wir folgen Granitpfaden, die von krummen Buchen gesäumt sind, und unterhalten uns dabei über die Nacht. Im Vergleich zur Gâtine, wo ich herkomme, gibt es hier Chirons oder Granitblöcke im Überfluss. Die Gegend muss reich an Geschichten sein. Carole strahlt eine ruhige Leidenschaft und Sanftheit aus. Mit diskretem Blick erkundet sie die Welt wie in einem Traum.

Im Gegensatz zu den verschwundenen Gipfeln des Armorikanischen Massivs existieren die Berge der Cevennen noch, doch sind sie stark abgetragen und die Hänge nur mäßig steil. Der Aufstieg ist nicht schwierig, und so habe ich Gelegenheit, die Landschaft zu bewundern. Weiter oben verschwinden die Bäume fast völlig, und nur einige wenige heben sich da und dort schemenhaft vom Abendhimmel ab. Bald bedeckt ein Teppich aus violettem Heidekraut den Hang, passend zum Licht des Abendhimmels. Es ist großartig, wie die himmlischen Farben mit der Heidelandschaft harmonieren. Wenn man genauer hinsieht, entdeckt man auch ein paar Heidelbeeren und sogar Himbeeren! Die Suche nach köstlichen Beeren bremst unseren Aufstieg für einen Moment. Wenig später macht die niedrige Vegetation nach und nach Felsen Platz. Wir beschleunigen unsere Schritte, um den Sonnenuntergang nicht zu verpassen.

Als wir auf dem Gipfel ankommen, versinkt unser Stern gerade rot glühend hinter einer Kammlinie. Ich verharre eine Weile schweigend, überwältigt vom Anblick des Himmels. Die Venus steht über den fernen Kalksteinplateaus, bereit, der Sonne zu folgen. Der fast volle Mond und etwas später Jupiter und Saturn kündigen den Einbruch der Nacht an. Ein frischer Wind kommt über den Bergen der Cevennen auf und verbläst mit seinen Böen die letzten Reste des Tages.

Wir packen unsere Anoraks und unseren Proviant aus und essen im Mondschein, der uns das Kerzenlicht ersetzt, zu Abend. Seinetwegen werden die Deep-Sky-Objekte heute schlechter zu sehen sein, doch dafür spendet er Licht für unsere Gespräche. Carole erzählt mir, wie sie die Nacht für sich entdeckt hat und wie sich die Spaziergänge mit der Familie zunehmend in die Nacht verlagert haben.

»Wir haben eine neue Seite in unserem Leben aufgetan, eine Freiheit, die die Kinder begeistert. In der Nacht ist die Zeit nicht mehr dieselbe, beinahe, als wäre sie für eine Weile aufgehoben.«

Carole fotografiert zwar gern Sterne, versteht sich aber nicht als Astrofotografin. Sie hält nächtliche Landschaften fest. Im Unterschied zur Makrofotografie geht der Trend heute dahin, Insekten oder Sterne nicht mehr in Großaufnahme abzulichten, sondern sie in ihrem Kontext zu erfassen. Die Nachtfotografie versucht, Himmelsobjekte in ihrer Umgebung in Szene zu setzen, um zu zeigen, dass sie Teil eines größeren Ganzen sind.

»Wir sind stärker berührt und betroffen, wenn das Foto beide Welten zueinander in Beziehung setzt«, betont Carole. »Angesichts der Unermesslichkeit des Kosmos überkommt uns ein Gefühl von Bedeutungslosigkeit und Armseligkeit, aber die Landschaft im Vordergrund erinnert uns daran, welche Bedeutung das Leben auf der Erde in unseren Augen hat.«

Später steigen wir wieder hinab. Das Licht des fast vollen Mondes macht die Taschenlampen überflüssig. Unsere Schatten folgen uns ins

Tal, und die Landschaft, die wir beim Aufstieg bewundert haben, ist nicht mehr dieselbe. Das Halbdunkel lädt uns ein, sie mit anderen Augen zu betrachten. Im Licht unseres Trabanten hat sie Ähnlichkeit mit ihm.

Eine warme Brise verteilt die Gerüche der Nacht, und Carole zeigt mir im Vorbeigehen einen einsamen Baum, den sie gerne fotografiert. Seine spitzenartigen Umrisse stechen so dunkel vom grauen Himmel ab, als wäre er das Tor zu einer neuen Welt, eine Art irdisches Schwarzes Loch in ein Paralleluniversum. Weiter unten zirpen Grillen. Eine Sternschnuppe huscht über den Himmel, während die Fotografin stehenbleibt und dem Schnurren eines Ziegenmelkers – es handelt sich um einen Vogel der dämmerungs- und nachaktiv ist – lauscht.

Später, als ich wieder am Steuer meines Wagens sitze, tauchen die Scheinwerfer die Straßenränder in Dunkelheit. Ich kämpfe gegen den Schlaf an. Die zahlreichen Begegnungen, die ich unterwegs habe, helfen mir, wach zu bleiben: geschäftige Rehe, ein Fuchs, der sich mitten auf dem Asphalt putzt, oder Hasen, die vor dem Wagen über die Straße springen. Die Dunkelheit ist voller Leben.

* * *

Im chinesischen Chengdu denkt man seit Kurzem ernsthaft darüber nach, einen künstlichen Mond ins All zu schießen und über der Stadt zu stationieren, um sie zu beleuchten und dadurch Energie zu sparen. Dabei soll es sich um einen Satelliten handeln, der mit einem riesigen, ausklappbaren Spiegel ausgestattet ist, der das Sonnenlicht nachts achtmal stärker reflektiert als der Mond. Aus energiepolitischer Sicht mag die Idee begrüßenswert sein, doch muss man sich fragen, welche Folgen es für Mensch und Tier hat, wenn es gar nicht mehr dunkel wird.

In unserer modernen Welt hat künstliches Licht in einem solchen Maß die Räume erobert, dass man die Sterne, die in der Stadt noch zu sehen sind, an den Fingern einer Hand abzählen kann. 80 Prozent der Weltbevölkerung leben bereits unter einem Himmel, der von künstlichem Licht überflutet wird. Doch wir verbinden Licht, wie ich glaube, zu Unrecht mit Sicherheit und Effizienz.

Statt zu erhellen, leistet diese übermäßige Beleuchtung tatsächlich einem Obskurantismus Vorschub. Als in New York und Los Angeles für mehrere Tage der Strom ausfiel und die Bewohner zum ersten Mal die Milchstraße erblickten, bekamen manche Angst vor dieser seltsamen silbernen Wolke, andere befürchteten gar einen Giftgasangriff!

»Abgesehen von der Verarmung unserer Beziehung zum Himmel – einer Beziehung, die seit jeher unser Weltbild geprägt hat –, wissen wir heute um die schädlichen Auswirkungen von künstlichem Licht auf die Umwelt und die Gesundheit. Schwund der Artenvielfalt, Störung unseres Bio- und Schlafrhythmus usw. Die Lichter auszuschalten ist nicht nur eine ästhetische, sondern auch eine ökologische und gesundheitspolitische Maßnahme«, betont der promovierte Geograf Samuel Challéat in seinem Buch *Sauver la nuit* (»Die Nacht retten«).

30 Prozent der Wirbeltiere und 60 Prozent der Wirbellosen sind Nachttiere. Die nächtliche Beleuchtung beeinträchtigt ihr Orientierungsvermögen und macht sie verletzlich. Migration, Paarungsverhalten, Ernährung, Bestäubung usw. werden gestört, somit auch das Gleichgewicht von Ökosystemen weltweit.

Dank der Fortschritte der Wissenschaft, die die Welt immer genauer erforscht, werden wir uns der enormen Komplexität und der Wechselbeziehungen bewusst, die wie ein weit verzweigtes Netz alles miteinander verbinden, was existiert – Lebewesen, Sterne, Naturphänomene. Wissenschaft wird ganzheitlich: Da sie sich zunehmend spezialisiert, muss sie lernen, zwischen Disziplinen wie etwa Astronomie, Biologie und Physik, deren Grenzen immer verschwommener werden, vielfältige Brücken zu schlagen. Denn auf den Wechselbeziehungen beruht das Gleichgewicht, das sich im Laufe der Jahrmillionen eingestellt hat und das unsere Welt geerbt hat. Wir verstehen heute, dass seine Erhaltung unabdingbar ist, wenn das Abenteuer des Lebens auf der Erde harmonisch weitergehen soll.

Die Nacht gehört zu den Elementen, die erforderlich sind, um dieses Gleichgewicht zu wahren. Wer die Nacht geringschätzt und zum Tag machen will, der verleugnet einen Teil dessen, was uns am Leben erhält. Dank jüngster wissenschaftlicher Fortschritte erkennen wir glücklicherweise allmählich, wie wichtig sie für unsere körperliche und seelische Ausgeglichenheit ist. Das Übermaß an künstlichem Licht stört beispielsweise die zirkadianen Rhythmen, die viele Körperfunktionen steuern, indem es die Produktion des Schlafhormons Melatonin verhindert, und nicht nur bei uns, sondern auch bei Tieren und Pflanzen.

Aus diesem Grund gibt es heute viele Initiativen mit dem Ziel, die Dunkelheit in unsere moderne Welt zurückzuholen. Um der Lichtverschmutzung zu begegnen, hat man überall auf der Welt Lichtschutzgebiete eingerichtet. Das erste in Frankreich entstand rund um das Observatorium auf dem Pic du Midi in den Pyrenäen. Das zweite und derzeit größte in Europa befindet sich, wie es der Zufall will, in den Cevennen. Zudem werden dunkle Wildtierkorridore angelegt, damit nachtaktive Arten von einer dunklen Zone in die andere wechseln können. Nach dem Vorbild der sogenannten grünen Bänder sollen nun auch »schwarze Bänder« entstehen.

Wir brauchen die Nacht. Diese simple Feststellung treibt Carole bei ihrer Arbeit als Fotografin und Autorin an. Dunkel ist die Nacht nur für den, der sich nicht die Zeit nimmt, den Sternenhimmel zu betrachten. Denn wer die Welt erfahren will, muss sich der Dunkelheit stellen. Und künstliches Licht hat nichts gemeinsam mit den vielfältigen Nuancen von Tageslicht und Dämmerung. Außerdem schärfen sich bei nachlassender Helligkeit die anderen Sinne und eröffnen uns einen neuen Zugang zur Welt. Jeder, der mal im Dunkeln durch einen Wald marschiert ist oder versucht hat, mit verbundenen Augen zu essen, wird es bestätigen:

Gehör-, Geschmacks- und Tastsinn werden sensibler. Eine unvergessliche Erfahrung!

Wenn Kinder weder die Nacht noch den Sternenhimmel mehr sehen, wie sollen sie dann als Erwachsene mit ihnen leben? Was für eine Sicht auf die Welt werden sie entwickeln? Werden sie sich mit einem so beschränkten Horizont noch harmonisch in ihre Umwelt einfügen können?

»Mehr als Worte müssen wir unseren Kindern Emotionen bieten. Sie dazu ermuntern, den Blick zu heben, mit ihnen schreien und uns etwas wünschen, wenn wir eine Sternschnuppe sehen, uns ins Gras legen, unter freiem Himmel schlafen. Sie der Stille aussetzen, der Kälte, der Wildnis, der Unendlichkeit«, schreibt Carole Reboul in ihrem schönen Fotobuch *Il était une fois la nuit* (»Es war einmal die Nacht«).

Die Berge sind in unseren modernen Gesellschaften die letzten Inseln der Wildnis und teilweise noch verschont geblieben von der vom Menschen verursachten Umweltverschmutzung, unter die auch die übermäßige Nutzung von künstlichem Licht fällt. Die Höhenlagen sind daher die Refugien der Sterne – und derjenigen, die die Nacht lieben, wegen der ihr eigenen Schönheit und weil sie ein Fenster öffnet zur Unermesslichkeit der Welt. Wer sich in einem größeren Ganzen sucht, das über die unmittelbare Umgebung seiner irdischen Existenz hinausgeht, kann dort oben noch mit den Himmelskörpern zusammen sein und sich vom Universum von seinen eigenen kosmischen Wurzeln erzählen lassen.

* * *

Wer hat nie davon geträumt, und sei es nur in seiner Kindheit, bei den Sternen zu wohnen? Nach meiner Rückkehr von dem nächtlichen Spaziergang mit Carole habe ich beschlossen, mich noch eine wenig mehr in die Nacht zu versenken. Der Mond ist hinter einem Berg verschwunden, und die Luft ist so klar, dass unzählige, gestochen scharfe Lichtpunkte am Himmel zu sehen sind: Bei optimalen Bedingungen lassen sich auf der Nordhalbkugel bis zu 3000 Sterne erkennen.

Fern und unfassbar begleiten die Sterne die Menschheit: Das ist reale Poesie, nur leider etwas in Vergessenheit geraten. Löschen wir unsere Lampen, um das Schauspiel wieder in seiner ganzen Ursprünglichkeit und unvergleichlichen Tiefe zu erleben! Im Dunkel der Nacht verlieren wir unsere irdischen Bezugspunkte und finden uns in der himmlischen Grenzenlosigkeit wieder. Wenn wir fernab der Städte, am besten im Gebirge, die Augen zum Himmel erheben, befällt uns beim Anblick der Sterne ein wohliger Schwindel. Um sie zu beobachten, brauchen wir nicht einmal ein raffiniertes Hilfsmittel: Es gibt so viel für die Augen zu sehen. Sie sind das älteste Instrument zur Beobachtung des Himmelsgewölbes. Bis ins 15. Jahrhundert war es das bloße Auge, das uns von der Nacht und den Weiten des Kosmos erzählt und die Sterne, aber auch die Nebel oder die Sternhaufen erkundet hat.

Ein Gefühl ist nur dann vollkommen, wenn alle Sinne daran beteiligt sind. Wir erleben die Welt mit unserem ganzen Wesen: Das Auge sieht den Stern, das Ohr hört die Nacht, die Nase riecht sie, die Zunge kostet die kühle Nachtluft, und die Haut kribbelt, wenn sie mit ihr in Berührung kommt, während der Verstand Geschichten erfindet, ohne die der Mensch nicht leben könnte.

In dieser Augustnacht in den Cevennen die Augen zum Himmel gerichtet, den Wind im Gesicht und die Rufe der Eulen in den Ohren, beobachte ich in über 1000 Meter Höhe, wie sich das Himmelsgewölbe langsam um den Polarstern dreht. Mein Blick wird von der Milchstraße angezogen. Die spiralförmige Galaxis, die von der Erde aus im Querschnitt zu sehen ist, überzieht den Himmel mit einem weißlichen Leuchten, das aus hunderten Milliarden ferner Sterne besteht. Ihr Zentrum, im Sternbild Schütze in Form einer Teekanne erkennbar, verschwindet nach und nach am Horizont.

Drei Sterne, die am Himmelsgewölbe ein riesiges Dreieck bilden, funkeln im Zenit: Deneb, im Sternbild Schwan, ist ein blauer Überriese und gehört damit zu den größten bekannten Sternen, die nur ein paar Millionen Jahre lang leben und deren chemische Zusammensetzung die Astrophysikerin Cecilia Payne zu Beginn des 20. Jahrhunderts durch die Spektralanalyse ihres Lichts ermittelt hat; Altair, im Sternbild Adler, der sich sehr schnell um die eigene Achse dreht und deshalb, durchs Teleskop betrachtet, abgeplattet erscheint; und Wega, im Sternbild Leier, die einen Asteroidengürtel besitzt, aus dessen Beobachtung man geschlossen hat, dass sich auch um andere Sterne Planeten bilden können, sogenannte Exoplaneten. Heute kennt man tausende.

Jetzt kann ich auch die Sternbilder des Andromeda-Mythos ausmachen, die ebenfalls dem Zenit zustreben. Der Held Perseus reitet auf seinem Ross Pegasus Prinzessin Andromeda zu Hilfe. Sie ist an einen Felsen gefesselt. Mit dem abgeschlagenen Kopf der Medusa, die Perseus soeben getötet hat, versteinert er das Seeungeheuer Ketos (das Sternbild Walfisch), dem die Prinzessin geopfert werden sollte – auf den Rat eines Sehers hin, den ihr Vater, König Kepheus, befolgt, um das Königreich zu retten, das ihre Mutter Kassiopeia durch ihre Eitelkeit in Gefahr gebracht hat. Letztere wird schließlich dazu verurteilt, für alle Zeiten um den Polarstern zu kreisen.

Mira im Sternbild Walfisch ist ein veränderlicher Stern und als erster dieses Typs 1596 entdeckt worden. Seine Leuchtkraft verändert sich innerhalb einer Periode von 322 Tagen: Im Maximum ist er der hellste im Sternbild, im Minimum mit bloßem Auge nicht zu erkennen. Der Stern Algol, der im Sternbild Perseus das abgeschlagene Medusenhaupt repräsentiert, scheint ebenfalls ein veränderlicher zu sein, nur mit einer viel kürzeren Periode von knapp drei Tagen. In Wahrheit handelt es sich um einen Doppelstern, also um zwei Sterne, die einander umkreisen, regelmäßig hintereinander verschwinden und dadurch Helligkeitsschwankungen hervorrufen. Im Sternbild Pegasus schließlich ist

1994 der erste Exoplanet entdeckt worden, und zwar in der Nähe von 51 Pegasi, einem sonnenähnlichen Stern.

Anschließend versuche ich, den von Prinzessin Andromeda gehüteten kosmischen Schatz zu entdecken: eine Spiralgalaxie, die der Milchstraße sehr ähnlich und bei optimalen Bedingungen mit bloßem Auge zu erkennen ist. Doch leider ist heute Nacht das Mondlicht zu intensiv. Normalerweise erscheint die Galaxie in Form einer weißlichen Scheibe, die man lange für ein Nebelobjekt gehalten hat – bis im letzten Jahrhundert Teleskope den Beweis lieferten, dass es sich um eine andere Galaxie handelte. Diese Entdeckung markiert den Beginn eines grundlegenden Bewusstseinswandels: Das Universum beschränkt sich nicht nur auf die Milchstraße, sondern ist viel größer.

Das Himmelsgewölbe dreht sich weiter, von Osten nach Westen. Später in der Nacht geht der Sternhaufen der Plejaden auf. Ungefähr zweitausend junge Sterne, alle aus demselben Nebel geboren und etwa zehn davon mit bloßem Auge sichtbar, ballen sich in der Nähe des Sternbilds Stier. Wir beobachten übrigens nie nur einzelne Sterne im Universum. Sie gruppieren sich zu Sternhaufen, zu Galaxien, die sich ihrerseits zu Galaxienhaufen gruppieren, zu Superhaufen usw. Das Universum ist ein fantastisches kosmisches Netz, dessen Fäden aus Sternen bestehen.

Dann erscheint endlich das Sternbild Orion. Beteigeuze, sein zweithellster Stern, ist ein Roter Überriese, was bedeutet, dass er das Endstadium seiner Entwicklung erreicht hat. Wer weiß, vielleicht wird dieser Stern noch zu unseren Lebzeiten in einer Supernova explodieren und den großen Jäger Orion seiner Schulter berauben. Der gleichnamige Nebel unterhalb des Gürtels des Jägers ist eine stellare Kinderstube, die viele junge Sterne hervorbringt. Daneben erscheint schließlich Sirius, der hellste Stern am gesamten Nachthimmel, aber nicht der größte: Seine starke Leuchtkraft verdankt er dem Umstand, dass er einer der erdnächsten Sterne ist – nur 8,6 Lichtjahre entfernt. Vor 4000 Jahren kündigte sein heliakischer Aufgang (sein Erscheinen am Himmel kurz vor der Sonne) in Ägypten die Nilflut an.

Bevor ich den Heimweg antrete, werfe ich noch einen Blick auf die Sternbilder in der Nachbarschaft des Polarsterns. Sie sind das ganze Jahr sichtbar, unabhängig von der Jahreszeit. Der Große Bär ist da. Ich versuche, die beiden Sterne des Duos Mizar-Alcor auszumachen, aber meine Sehschärfe reicht nicht aus. Dagegen erspähe ich mühelos Polaris, den derzeitigen Polarstern, der in der Verlängerung der Erdachse steht. In 5000 Jahren wird er nicht mehr dort stehen und durch einen Stern aus dem Sternbild Kepheus wie Alderamin ersetzt worden sein, dann, in 12 000 Jahren durch die Wega, die übrigens vor rund 14 000 Jahren schon einmal Polarstern war. Der Stern, der uns als Kompass dient, wechselt in regelmäßigen Abständen, da sich die Rotationsachse der Erde in einem Zyklus von 26 000 Jahren leicht verlagert.

Die Sterne erzählen von der Geschichte des Universums wie auch von uns. Alles, was existiert, ist mit ihnen verbunden, alles geht aus ihnen hervor und kehrt in sie zurück. Solange es Gasnebel im Universum gibt, werden sie weiter leuchten. Bis zu dem Tag, an dem sie alle verlöschen, dann ist das Ende der Welt gekommen. Ist es daher nicht schon eine Art Ende für sich, wenn wir uns mit künstlichem Licht den Blick auf die Sterne verstellen wollen?

13/ JAGD AUF METEORE

Ein schöner Sternenhimmel wird mich immer beeindrucken, doch es sind bestimmte Phänomene, die uns einfache, aber intensive und unvergessliche Freuden bereiten: die Lichtspuren von Meteoren.

In meiner Kindheit auf dem Land verging kein Sommer, ohne dass Mitte August unter freiem Himmel geschlafen wurde. Wir trafen uns mit Freunden im Garten von diesem oder jenem, und wenn es dunkel genug war, beobachteten wir, eingepackt in unsere Schlafsäcke, den Himmel in der Hoffnung, Sternschnuppen zu sehen. Jede Leuchtspur löste bei uns Begeisterung aus, und natürlich hatten wir jedes Mal einen Wunsch frei. Das war oft der Fall. Heute glaube ich, dass es vor allem die Kurzlebigkeit des Phänomens war, die uns in Staunen und Entzücken versetzte.

Daher war ich, als ich Hervé Roche kontaktierte – einen Hobbyastronomen, der sich für das Lichtschutzgebiet im Nationalpark Cevennen engagiert –, sofort angetan, als er mir von seiner Meteor-Forschung erzählte. Denn Hervé sammelt Sternschnuppen.

* * *

An diesem Nachmittag erstrahlt der Himmel über den Cevennen in einem Blau, wie ich es noch nie gesehen habe, einem Azur, ungetrübt von Staub und Feuchtigkeit. So wie man in der Stadt bei Nacht weder die Sterne noch die Milchstraße mehr sehen kann, so kann man dort auch am Tag das tiefe Himmelsblau nicht mehr bewundern. Es wird von einem Dunstschleier verhüllt, der aus in der Atmosphäre schwebenden Schmutzpartikeln besteht. Staubteilchen am Tag und Lichtteilchen in der Nacht verbergen die Feinheiten der Welt da draußen.

Ich bin mit Hervé verabredet. Er wohnt in der Nähe des Ferienhauses, das ich im Süden des Départments Lozère bezogen habe. Von der Terrasse aus kann ich weiter unten das Dorf sehen, in dem sein Haus steht. Als sich die Sonne dem Horizont nähert, breche ich auf. Der Weg führt durch Kastanienhaine, und die Berghänge sind mit Trockenmauern aus glitzerndem, blättrigem Schiefer terrassiert, zwischen denen Bäume wachsen. Die unzähligen Mäuerchen gemahnen an die jahrhundertelange, mühevolle Arbeit der hier lebenden Menschen.

Ich treffe Hervé im Freien, irgendwo zwischen den Wiesen, Gärten und Häusern. Er ist jünger, als ich angenommen habe, um die 30 etwa. Er führt mich sogleich zu seiner wissenschaftlichen Anlage, die sich in einer Ecke seines Grundstücks befindet. Der Kontrast zwischen der traditionellen Landschaft, die ich soeben durchwandert habe, und der Vielzahl der hier, mitten in diesem alten Gebirge, aufgestellten Geräte ist frappierend.

Drei Kameras, die in verschiedene Richtungen ausgerichtet sind, zeichnen die Leuchtspuren von Meteoren am Nachthimmel auf. Sie filmen mit einer Frequenz von 30 Bildern pro Sekunde, und das durchgehend das ganze Jahr. Anhand dieser Bilder und einer Karte des Sternenhimmels lassen sich Flugbahn und Herkunft der Himmelskörper exakt bestimmen. Mit Hilfe der Sterne stellt Hervé die anvisierte Richtung ein und beobachtet den Himmel mehrere hundert Kilometer weit.

Während mir der junge Mann seine Anlage im Einzelnen erklärt, spüre ich sehr schnell die Leidenschaft, die ihn beseelt. Und als er, in seine Ausführungen vertieft, plötzlich den Kopf zu einem vorbeifliegenden Greifvogel hebt – »ein Turmfalke«, erklärt er und verfolgt atemlos den Flug des Vogels –, begreife ich, dass seine Leidenschaft weit über diese Geräte hinausgeht. Hervé, ein versierter Vogelkenner, ist offensichtlich von allem fasziniert, was man am Himmel beobachten kann.

Ich sehe noch kurz dem entschwebenden Falken nach, dann fährt der Hobbyastronom in seinen Erklärungen fort. Denn wir sind noch längst nicht am Ende. Eine Antenne ist in dieselbe Richtung ausgerichtet wie eine der Kameras. Ihre Aufgabe? Nicht mehr und nicht weniger als die Signale eines Militärradars aufzufangen. Mit Interesse höre ich, dass dieses Radar, das den Luftraum überwacht, mit einer bestimmten Frequenz sendet, deren Wellen von den Leuchtspuren, die beim Eintritt von Meteoroiden in die Atmosphäre entstehen, reflektiert werden können. Wie sich herausgestellt hat, erzeugt der Doppler-Effekt – derselbe Effekt, mit dessen Hilfe Radarfallen die Geschwindigkeit von Autos ermitteln – in der Frequenz des Signals leichte Veränderungen, die unmittelbar mit der Geschwindigkeit des Meteors zusammenhängen. Hervés Antenne ist so eingestellt, dass sie dieses Signal empfängt. Ein anderes Gerät analysiert es und liefert dem Astronomen schließlich die Geschwindigkeit der Sternschnuppe.

Seit rund zehn Jahren sammelt Hervé in den Cevennen auf diese Weise Daten über Meteore. Heute teilt er sie vor allem mit französischen Netzwerken von Amateurbeobachtern wie BOAM (*Base des observateurs amateurs des météores*). Der Standort seiner Antennen in einer Umgebung ohne Lichtverschmutzung – sein Dorf liegt in rund 1000 Meter Höhe – und die tatkräftige Unterstützung der Gemeinden im Lichtschutzgebiet verleihen seinen Messungen einen unschätzbaren Wert, denn er registriert weit mehr Ereignisse als anderswo.

* * *

Meteore sind Lichterscheinungen, die entstehen, wenn Himmelskörper, die Meteoroiden, mit einer hohen Geschwindigkeit von mehreren Dutzend Kilometern pro Sekunde in die Erdatmosphäre eindringen. Sind sie sehr groß, handelt es sich um Boliden, deren Bruchstücke in Form von Meteoriten sogar die Erde erreichen können. Sind es einfache Staubkörnchen, verglühen sie als Sternschnuppen in der Atmosphäre. Große wie kleine Meteoroiden ionisieren die Luftmoleküle entlang ihrer Flugbahn und erzeugen ein Plasma, eine Art Suppe aus Elektronen und Ionen in Gestalt einer mehr oder weniger deutlichen Leuchtspur.

Manchmal gehen die Staubteilchen von Meteoren in Form eines Sternschnuppenschwarms nieder. Der in den Ländern der nördlichen Halbkugel bekannteste sind die Perseiden, die alljährlich im August

wiederkehren und um den 12. ihren Höhepunkt erreichen. In mehreren aufeinanderfolgenden Nächten lassen sich dann Dutzende von Sternschnuppen beobachten. Hervé zeigt mir eine Karte, die er mit Hilfe seiner Fotos aus der Nacht des 12. August erstellt hat. Darauf sind annähernd 200 Leuchtspuren zu sehen. Wie der Karte zu entnehmen ist, kommen sie alle aus derselben Richtung, was für Meteorschauer typisch ist und ihnen ihre Namen gibt. Im vorliegenden Fall kommt der Lichtregen aus dem Sternbild Perseus, deshalb empfiehlt es sich, den Blick dorthin zu richten, wenn man möglichst viele Schnuppen sehen möchte.

Faszinierend ist, woraus Meteorschauer bestehen: aus den Staubteilchen von Kometen. Diese Himmelskörper bewegen sich auf elliptischen Bahnen um die Sonne und hinterlassen eine Spur aus festen Partikeln, die in die Atmosphäre eindringen, wenn die Erde periodisch ihre Bahn kreuzt. Die überwiegende Zahl dieser himmlischen Feuerwerker ist bekannt, ihr Kommen vorhersagbar. Doch hin und wieder werden auch ungewöhnliche Phänomene beobachtet.

»Es wäre möglich«, erklärt mir Hervé, »dass wir einen Meteorschauer orten, der aus einer neuen, noch nicht erfassten Richtung kommt. Das könnte dann auf einen unbekannten Kometen hinweisen.«

Die Vorstellung fasziniert mich: einen Kometen entdecken, das wäre ein Abenteuer fürs Leben.

Eine der fünf Lichtmessstationen, mit deren Hilfe die Qualität des Nachthimmels im Lichtschutzgebiet Cevennen überwacht wird, befindet sich auf Hervé Roches Grundstück. Ein ausreichender Grad von Dunkelheit ist die Grundvoraussetzung zur Erlangung des Prädikats IDSR (*International Dark Sky Reserve*) für ausgewiesene Lichtschutzgebiete. Das Instrument, mit dem Dunkelheitsschwankungen gemessen werden, registriert auch den Durchgang von Mond und Milchstraße oder Störungen, die auf menschliche Aktivität zurückgehen. Die Helligkeitskurven, die mir der Hobbyastronom vorlegt, zeigen anschaulich das Auf- und Untergehen unseres Trabanten oder unserer Galaxie. Bei bedecktem Himmel lässt sich zudem beobachten, wie die Wolkenschicht die Lichtverschmutzung verstärkt. Die Messwerte des Geräts werden an ein Institut übermittelt, das die Qualität des Nachthimmels auf landesweiten Karten abbildet.

* * *

Hervé besitzt viele Talente. Sternschnuppen beobachten und die Qualität des Nachthimmels über den Cevennen überwachen genügt ihm nicht. Er beobachtet auch die Sonne: Ein mehrere Meter langes Kabel, das neben anderen Instrumenten hängt, dient ihm als Antenne und kann von der Sonne kommende elektromagnetische Wellen von sehr niedriger Frequenz empfangen. Diese geben über Ereignisse auf unserem Stern Auskunft. Außerdem besitzt Hervé eine Wetterstation, beteiligt sich an der Ortung von Blitzeinschlägen und füttert mit seinen Ergebnissen öffentliche Datenbanken. Und als Hobbyastronom besitzt er natürlich ein Teleskop und betreibt Astrofotografie.

Nachdem er zehn Jahre lang Festplatten mit Daten gefüllt hat, träumt er heute davon, diese verschiedenen Bereiche miteinander zu verknüpfen: So würde er gern dem Zusammenhang zwischen den Meteoren und den sehr niederfrequenten, elektromagnetischen Wellen auf den Grund gehen, seine Wetterdaten mit den Helligkeitswerten korrelieren oder Lichtphänomenen nachspüren, deren Ursache noch nicht geklärt werden konnte. Aber für all diese Projekte fehlt ihm das, woran es häufig mangelt: Zeit und Geld.

Seine Besessenheit beeindruckt mich. Ich frage ihn, was ihn im Innersten antreibt: Ist es der Ehrgeiz, etwas zu entdecken, Rätsel zu entschlüsseln?

»Ich schaue einfach nur gern in den Himmel«, antwortet er mir.

Der junge Mann strahlt eine gewisse Poesie aus, die Leidenschaft des Autodidakten. Allein der Drang nach Wissen und Erkenntnis befeuert seine Projekte und seine Lust am Lernen. Ein solcher Drang wäre auch all den Studenten in den Hörsälen zu wünschen, wo er nicht immer vorhanden ist. Wenn man sich Schritt für Schritt durch sein Studium kämpft, stets den nächsten Prüfungstermin im Kopf, kann der Funke, der einen dazu bewogen hat, diesen oder jenen Weg einzuschlagen, mitunter erlöschen. Es gab eine Zeit, da ist auch meiner erloschen, bedingt durch Hektik und Stress. Ich hatte gar nicht mehr die Zeit, mich für das Wissen zu begeistern, das über Generationen hinweg erworben worden war.

Bei Hervé glüht der Funke noch, und das imponiert mir. Unabhängig von jedem Institut, von jeder Hierarchie, von Zuschüssen jedweder Art geht er weiter seinen Weg, wie er es für richtig hält. Ein einsames Unterfangen, das leicht zu Entmutigung führen könnte. Doch hier kommen glücklicherweise die Amateur-Netzwerke ins Spiel, die diesen Hobbyforschern die Möglichkeit geben, ihren Teil zum Wissensfortschritt beizutragen. So treten in Disziplinen wie Seismologie, Meteorologie, Astronomie oder Geologie plötzlich unkonventionelle Forscher auf den Plan, deren Blick durch eine profunde Kenntnis ihrer Heimatregion bereichert wird.

Tatsächlich ist Hervé in diesem Cevennen-Dorf geboren und würde um nichts in der Welt woanders leben wollen. Um wissenschaftlich zu arbeiten, zu forschen und das Universum zu erkunden, muss man nicht ans andere Ende der Welt oder in die Großstadt gehen. Jede Landschaft und jedes Gebirge bieten sich als Forschungsobjekt an. Das Phänomenale zeigt sich überall, und die traditionellere Wissenschaft muss mit diesen Amateur-Netzwerken partnerschaftlich zusammenarbeiten. Einmal mehr seit Beginn meiner Rundreise staune ich über den Reichtum des ländlichen Raums: Dort leben außergewöhnliche Menschen, die viel mitzuteilen haben, wenn man sich die Zeit nimmt, ihnen zuzuhören.

Die großen Forschungsinstitute zeigen allmählich Interesse an der Zusammenarbeit mit diesen Menschen und öffnen sich für jedermann. So haben das Pariser Observatorium und das staatliche französische Naturkundemuseum das internationale Netzwerk FRIPON (*Fireball Recovery and Interplanetary Observation Network)* initiiert, dessen Ziel es ist, die Herkunft extraterrestrischen Materials zu bestimmen, das auf die Erde fällt. Die Wissenschaftler haben auf den Dächern von Profi- und Amateurobservatorien in ganz Frankreich über 100 Kameras installiert. Wird ein Meteoritenfall geortet, tritt das Programm *Vigie-Ciel* in Aktion und organisiert die Suche. Jeder kann mitsuchen und Meteoritenjäger werden!

In den zwei Stunden, die ich mit Hervé verbringe, erfahre ich mehr über diese Dinge als aus vielen Büchern. Es ist eine intensive, aber zu kurze Zeit, in deren Verlauf ich irgendwann in einer Voliere die Brieftauben des engagierten jungen Mannes entdecke. Und bevor ich mich verabschiede, sagt er mir noch, dass er seine Anlage gern noch um einen Seismografen erweitern würde!

Hervé ist ein Natur- und Himmelsforscher. Er begibt sich auf die Suche nach flüchtigen Himmelsphänomenen wie andere nach wilden Tieren. Das ist ein schwieriges Unterfangen, das viel Geduld erfordert, denn die spektakulärsten Phänomene bekommt man, wie wilde Tiere, nicht so leicht zu Gesicht. Und wenn die Kameras, die kontinuierlich in Betrieb sind, auch viele Phänomene festhalten, die sonst unbemerkt blieben, so können sie doch das besondere Erlebnis der direkten Beobachtung nicht ersetzen. Hervés Observatorium in dieser authentischen Mittelgebirgslandschaft steht den renommiertesten in den höchsten Lagen in nichts nach.

Als ich ihn verlasse, ist es bereits dunkel. Der Himmel zeigt sich in unvergleichlicher Klarheit. Das Lichtschutzgebiet in den Bergen der Cevennen bringt die Sterne wieder zum Leuchten und erhellt die Gemüter. Es gibt uns die Dunkelheit zurück, sodass diese unsere Beziehung zum unermesslich Großen wieder herstellen kann. Sie eröffnet uns die Möglichkeit, unseren Platz unter den Sternen und den anderen Lebewesen zu suchen, denn ohne diese Suche wäre das Epos Mensch ziemlich fade und würde in die Irre führen.

14/ DIE REISE ZUM MITTELPUNKT DER ERDE

Der Wagen fährt in den Fréjus-Tunnel und drosselt das Tempo, denn die Autobahn hat sich, bevor sie im Berg verschwindet, auf zwei Fahrspuren verengt. Der Tunnel ist über zwölf Kilometer lang und endet auf der anderen Seite in Italien. Doch wir bleiben hier in Frankreich, unter dem Berg. Bald halten wir auf einem schmalen Parkplatz mitten im Tunnel, in einer geografischen und physikalischen Zwischenwelt. Die letzte Etappe meiner Suche führt mich hierher, weil die Wissenschaft an diesem Ort eine ungewöhnliche Allianz mit den Bergen eingegangen ist.

Obwohl die Arbeit an entlegenen Orten stets mit Einschränkungen verbunden ist, haben die Wissenschaftler ein starkes Interesse daran, sich ins Innere der Erde zurückzuziehen. Der Hauptvorteil von Untergrundlaboratorien besteht darin, dass die Gesteinsschichten, die sich über ihnen auftürmen, die dort stattfindenden Experimente von der kosmischen Strahlung abschirmen, die den Planeten unaufhörlich bombardiert.

In Europa gibt es vier unterirdische Forschungseinrichtungen: Die größte befindet sich unter dem Gran Sasso in Italien, die zweite in einem Bergwerk in England, die dritte im ehemaligen Eisenbahntunnel von Canfranc in den Pyrenäen. Die vierte schließlich, die ich jetzt besuchen werde, liegt in Modane: Es ist zwar die kleinste, aber auch die tiefstgelegene, denn sie wird von 1700 Meter Fels überragt.

Das LSM (*Laboratoire souterrain de Modane*) ist ein wahrhaft außergewöhnlicher Ort. Die dort beschäftigten Physiker nutzen den jungfräulichen Charakter der Felskathedralen, um die Geheimnisse des Universums zu erforschen. Geschützt vor den Einflüssen, die an der Oberfläche herrschen, versuchen sie hier, den Schleier über einer verborgenen Realität zu lüften.

»Ganz schön warm hier unter der Erde, was?«

Der das sagt, ist Christophe Vescovi, Forschungsingenieur des LSM und mein heutiger Führer. Wir haben uns in der Kleinstadt Modane in der Maurienne getroffen, einem Alpental, das an diesem 1. Dezember bereits eingeschneit ist. Während wir, mit gelben Warnwesten bekleidet, vorsichtig aus dem Wagen steigen, nicke ich ihm als Antwort auf seine Frage zu. Es stimmt, im Tunnel herrscht eine drückende Hitze, trotz Winter und Lüftungsanlage. Eingeklemmt zwischen Tunnelwand und Straße traue ich mich jedoch nicht, meine Jacke auszuziehen, und warte nervös auf eine Anweisung des Wissenschaftlers. Der Endvierziger mit kurzem Bart und rasiertem Kopf wirkt gelassen. Für ihn ist die Situation nicht neu.

Mehrere Lastwagen donnern vorüber, dann gibt er mir das Zeichen. Wir überqueren rasch die Straße und steuern auf ein großes Stahltor zu. Es führt in einen großen, höhlenartigen Raum. Es ist die Luftschleuse des Laboratoriums, wie mir Christophe erklärt, die hinten durch eine zweite Tür gesichert ist. Hier drin atmet es sich leichter.

»Der Zugang zum Labor ist umständlich, nicht wahr? Wenn wir mit einem Versorgungslaster kommen und damit in die Luftschleuse fahren müssen, werden wir sogar von einer Sicherheitseskorte begleitet! Der Tunnel wird minutenlang für den Verkehr gesperrt, und zwei Fahrzeuge, eines aus Italien, das andere aus Frankreich, helfen uns.«

»Gibt es noch einen anderen Fluchtweg außer dem Tunnel?«, erkundige ich mich.

»Nein. Aber das Tor zur Straße ist ein Brandschutztor, und die Tür hinter der Luftschleuse schützt vor Explosionen. Wenn im Tunnel ein

Unfall passiert, müssen wir im Laboratorium ausharren, bis wir Instruktionen erhalten oder Hilfe kommt.«

Ich bin natürlich schon öfter durch einen Tunnel unter einem Berg gefahren, aber nie hätte ich erwartet, dort eine solche Höhle vorzufinden! Abgesehen von der, gelinde gesagt, überraschenden Ankunft in diesem Labor, das am Rand einer Straße unter dem 2936 Meter hohen Pointe de Fréjus versteckt liegt, habe ich das Gefühl, eine geheime, uneinnehmbare Festung zu betreten, die – wäre ich Nichtphysikerin und wüsste nichts über die dort ablaufenden Experimente – mein Begriffsvermögen übersteigen würden. Ein Schauplatz für Science-Fiction-Filme, wie meine Kinder sie lieben, nur dass er alles andere als bloße Kulisse ist.

Wir gehen durch die zweite Tür. Die Dimensionen des Raums, der sich vor uns auftut, sind beeindruckend und erinnern an einen Flugzeug-Hangar.

»Das Labor hat 400 Quadratmeter«, erklärt mir Christophe. »Aber wir müssen hier in Volumen denken, denn wir nutzen den gesamten Raum, also 3500 Kubikmeter.«

Der Raum der Höhle wird in der Tat voll ausgeschöpft. Überall sind Treppen und Laufbrücken, um die ganze Höhe auszunutzen, sowie Geräte und Arbeitsplätze, wohin ich auch blicke. Christophe erklärt mir, dass der Raum über einen Schacht belüftet wird, der mit dem Gipfel des Bergs verbunden ist. Im Innern des Laboratoriums atmet man also reine Höhenluft.

* * *

In der isolierten Umgebung der unterirdischen Versuchslabore werden vielfältige Experimente durchgeführt, auch an lebenden Organismen. Da ionisierende Strahlen Einfluss auf die Evolution von Organismen nehmen, studieren Biologen hier letztere in Abwesenheit dieser Strahlen. Im

Untergrundlabor von Modane, das in Schiefergestein gehauen ist, misst man vier kosmische Myonen pro Quadratmeter und Tag gegenüber zwölf Millionen an der Erdoberfläche. Dieser Aspekt ist so wichtig, dass man auf der norwegischen Insel Spitzbergen, 120 Kilometer vom Nordpol entfernt, unter 120 Meter dickem Sandstein unterirdische Kältekammern angelegt und dort eine Million Samenproben von Nutzpflanzen aus aller Welt eingelagert hat. Eine Art Arche Noah für Pflanzen, die vor der kosmischen Strahlung geschützt ist.

Das LMS wurde 1982 hauptsächlich zu dem Zweck eingerichtet, die Lebensdauer des Protons zu bestimmen, das in allen Atomkernen enthalten ist und dessen Zerfall im Übrigen noch nie beobachtet worden ist. Das Experiment, das heute in dieser unterirdischen Kathedrale den meisten Raum einnimmt, trägt einen Namen, der nach einem Zeichentrickfilm klingt: SuperNEMO. Physiker spielen gern mit den Akronymen ihrer Experimente: BaBar heißt ein Experiment der Teilchenphysik in Kalifornien, bei dem das B-Meson und sein Antiteilchen untersucht werden, das im Englischen als *B-bar* bezeichnet wird. MERLIN, Abkürzung für *Methane Remote Sensing Lidar Mission*, ist ein europäischer Kleinsatellit, der mit Hilfe eines LIDAR-Instruments das Treibhausgas Methan in der Erdatmosphäre beobachten soll. Und das Experiment SuperNEMO – das Kürzel steht für *Super Neutrino Ettore Majorana Observatory* – beschäftigt sich nicht etwa mit einem Superfisch des Animationskinos oder einem gewissen Kapitän aus einem Abenteuerroman, sondern mit einem schwer fassbaren Elementarteilchen: dem Neutrino.

Ziel der Wissenschaftler ist es, mehr über dieses höchst geheimnisvolle Teilchen herauszufinden, insbesondere, ob es sein eigenes Antiteilchen ist – dann wäre das Neutrino auch ein Antineutrino –, wie es in der Theorie eines genialen italienischen Wissenschaftlers namens Ettore Majorana vorausgesagt wird, dessen Schicksal ebenso geheimnisumwittert ist wie das Teilchen (Majoranas plötzliches Verschwinden im Alter von 32 Jahren bleibt ein Rätsel, über das viel Tinte vergossen worden ist).

Das Neutrino – italienisch für »kleines Neutron« – wurde bei Untersuchungen zum Zerfall des Neutrons entdeckt, das zusammen mit dem Proton den Atomkern bildet. Neutrinos sind sehr schwer nachzuweisen, denn sie durchdringen Materie nahezu ungehindert. Da sie eine sehr geringe Masse besitzen und elektrisch neutral sind, treten sie mit Materie kaum in Wechselwirkung. Jede Sekunde fliegen hunderte Milliarden von ihnen, von der Sonne kommend, durch unseren Körper hindurch, ohne dass wir etwas merken. Neutrinos spielen eine wichtige Rolle bei der Dynamik der kosmischen Phänomene, und diejenigen, die aus dem All zu uns gelangen, sind eine wichtige Informationsquelle.

Mit dem Experiment SuperNEMO wird ein radioaktiver Prozess untersucht, der sogenannte doppelte Betazerfall. Damit wir verstehen, um was es dabei geht, empfiehlt sich ein kleiner Exkurs in die Welt der radioaktiven Prozesse. Radioaktivität, Ende des 19. Jahrhunderts von dem französischen Physiker Henri Becquerel entdeckt, ist der natürliche Zerfall der Atomkerne bestimmter instabiler Elemente, die sich spontan in andere Kerne verwandeln. Dabei geben sie ionisierende Strahlung ab, die aus Materie- oder Energieteilchen besteht.

Radioaktivität ist ein natürliches Phänomen, und die Radionuklide, die in irdischen Gesteinen am häufigsten vorkommen, sind Uran-238, Thorium-232 und Kalium-40. Die Wärme, die sie beim Zerfall freisetzen (Uran-238 zerfällt beispielweise zu Thorium-234 und gibt dabei Wasserstoffkerne ab), liefert die Energie für die geologische Aktivität der Erde, insbesondere für die Plattentektonik, die Ozeane und Gebirge hervorbringt.

Man unterscheidet hauptsächlich drei Formen von Radioaktivität: Alphastrahlung, die Elemente in Form von Heliumkernen aussenden; Betastrahlung, bestehend aus Elektronen; und Gammastrahlung, bestehend aus Photonen.

Daneben gibt es noch eine vierte Zerfallsart: den doppelten Betazerfall, der in der gleichzeitigen Emission zweier Elektronen beim Zerfall bestimmter Atomkerne besteht. Normalerweise wird er, wie aus Beobachtungen hervorgeht, von der Emission zweier Neutrinos begleitet. Doch Ettore Majorana hat vorausgesagt, dass diese Reaktion manchmal ohne die Emission von Neutrinos verlaufe. Sollte das Untergrundlabor von Modane diese Vermutung bestätigen können, würde dies an den Grundfesten der Teilchenphysik rühren, denn nach dem derzeitigen Standardmodell, das die Welt des unendlich Kleinen beschreibt, ist dieses Phänomen theoretisch nicht möglich.

Das Experiment SuperNEMO präsentiert sich in Gestalt eines großen, mehrere Meter hohen Quaders, in dem verschiedene Detektoren platziert sind. Seine Funktionsweise beruht auf dem Zusammenwirken dreier ineinandergreifender Komponenten: In der Mitte befindet sich eine sehr schwache radioaktive Quelle (eine Molybdänfolie). Sie ist einerseits von Detektoren umgeben, die in der Lage sind, die Flugbahn zweier Elektronen sichtbar zu machen, die beim doppelten Betazerfall gleichzeitig ausgesandt werden, und andererseits von Plastikszintillatoren, die als Photomultiplier dienen, damit die Energie dieser Teilchen gemessen werden kann.

Dass die Energie der Teilchen vor und nach dem Zerfall insgesamt erhalten bleibt, ist eine Conditio sine qua non in der Physik. Wenn also im Verlauf des Experiments zwei Neutrinos freigesetzt werden, nehmen sie einen Teil der Anfangsenergie mit. Sollten sich diese Neutrinos jedoch als abwesend erweisen, müssten die Elektronen mit einer entsprechend höheren Energie entweichen. Messen die Physiker die Energie der Elektronen, können sie also sagen, ob ihnen der ersehnte Nachweis des neutrinolosen doppelten Betazerfalls gelungen ist.

Fakt ist allerdings, dass dieses Phänomen weder in diesem noch in einem anderen Labor bislang nachgewiesen werden konnte. Die Wissenschaftler bleiben dran und verschieben die Nachweisgrenzen. Sollte auch künftig eine Entdeckung ausbleiben, könnte man die Arbeit mit einem besseren Detektor fortsetzen. Im Übrigen ist SuperNEMO als Baustein eines Experiments konzipiert, das zwanzigmal größer ist.

* * *

Auch ein anderes Teilchen bereitet den Physikern vom LSM Kopfzerbrechen. Es ist noch exotischer als das Neutrino und konnte noch nie nachgewiesen werden, obwohl zahlreiche Argumente für seine Existenz sprechen. Es handelt sich um das Teilchen, aus dem die Dunkle Materie besteht, deren Existenz die amerikanische Astrophysikerin Vera Rubin in den 1970er-Jahren postuliert hat. Die Wissenschaftlerin, die sich mit den Bewegungen der Sterne in Galaxien beschäftigte, stieß auf ein Rätsel: Dieser Tanz schien sich über die seit Kepler bekannten Gesetze der Himmelsmechanik hinwegzusetzen.

Wenn der Mond nicht auf die Erde fällt, dann deshalb, weil ihm seine Umlaufgeschwindigkeit eine Zentrifugalkraft verleiht, die der Gravitationskraft entgegenwirkt, die unser Planet auf ihn ausübt. Auf der Grundlage dieses Gesetzes konnten die Wissenschaftler mit Hilfe der Umlaufgeschwindigkeit des Mondes die Masse der Erde berechnen. Dieses Prinzip lässt sich auf jedes Objekt anwenden, das um ein anderes kreist, namentlich auf Sterne, die im Gravitationsnetz der galaktischen Zentren gefangen sind und mit denen sich Vera Rubin beschäftigte. Nur war die Masse, die die Wissenschaftlerin für jede Galaxie ermittelte, nicht groß genug, um die Umlaufgeschwindigkeit ihrer Sterne zu erklären: Sie liefen schneller, als nach der Theorie zu erwarten war. Anders ausgedrückt: Wäre die Masse der Sterne der alleinige Einflussfaktor, dann müssten sich die Galaxien unweigerlich auflösen, die Sterne aus ihren Bahnen ausbrechen und sich in der Unendlichkeit des intergalaktischen Raums verlieren. Damit warfen Vera Rubins Messergebnisse sogar Zweifel an der Existenz der Galaxien auf!

Um dieses Paradox zu lösen, kommt die Wissenschaftlerin zu dem Schluss, dass es in den Galaxien eine Materie geben muss, die für die Messinstrumente unsichtbar bleibt und die dennoch einen Gravitationseinfluss auf ihre Umgebung ausübt. Damit das Gleichgewicht der Materie, die um das galaktische Zentrum kreist, wiederhergestellt wird, muss diese unbekannte Komponente überdies viel gewaltiger sein als die Masse aller Sterne und Nebel zusammen. Dieser Unbekannten haben die Forscher den Namen Dunkle Materie gegeben. Ihren Anteil an der Gesamtmaterie im Universum kann man heute abschätzen, doch ihre Natur bleibt ein Rätsel.

Eines der Experimente, das der Suche nach dem hypothetischen Teilchen der Dunklen Materie dient, findet in einem Reinraum des LSM statt: Man betritt ihn im Overall und mit Maske, damit möglichst wenige Staubpartikel ins Innere gelangen. Die könnten nämlich radioaktiv sein und selbst in geringer Menge die Messergebnisse verfälschen.

Christophe und ich werden im Reinraum von einem tschechischen Physiker namens Radomir Smida empfangen, den ich nur in seiner Vermummung zu sehen bekommen werde. Die Falle, in der er und seine Kollegen die Dunkle Materie zu fangen hoffen, ist ein Detektor, der sich in einem kleinen, zylinderförmigen Kryostat (ein gekühlter, evakuierter Behälter) aus etwa 20 Zentimeter dickem Kupfer befindet. Momentan besteht der Detektor noch aus zwei CCD-Sensoren (*charge-coupled device,* »ladungsgekoppeltes Bauteil«) – lichtempfindliche, elektronische Sensoren, von denen es langfristig viel mehr sein sollen – des gleichen Typs wie die, mit denen einst unsere Digitalkameras ausgestattet waren (daher der Taufname des Experiments: DAMIC-M für *Dark Matter in CCD at Modane,* was weniger poetisch klingt als die vorausgegangenen Akronyme). Diese hochempfindlichen Sensoren sind in der Lage, auf die Präsenz eines einzigen Elektrons zu reagieren, das ein Dunkle-Materie-Teilchen beim Aufprall auf das Silizium der CCDs herausschlagen würde.

Um diese Genauigkeit zu erreichen, müssen die Forscher alle Signale ausschalten, die parasitäre Teilchen erzeugen, auch Strahlung, die natürliche Radioaktivität verursacht. Da man im LSM sehr seltene Ereignisse zu detektieren versucht, ist auch die Belüftung sehr wichtig: Sie dient nicht nur der Kühlung des Labors, sondern soll auch radioaktives Radon entfernen, ein natürlich vorkommendes Edelgas, das die Gesteine, die die Laborwände bilden, abgeben. Und nicht genug damit, dass Dunkle-Materie-Detektoren in einem Reinraum untergebracht sind, sie werden auch noch durch einen mehrschichtigen Mantel aus Polyethylen, Kupfer und Blei abgeschirmt.

Dazu eine Anekdote am Rande: Da Blei selbst ein radioaktives Material ist, müssen die Forscher welches finden, dessen Aktivität extrem niedrig ist. Wie es der Zufall will, hatten Archäologen in den 1980er-Jahren aus einem Schiffswrack aus dem 5. Jahrhundert, das zwischen den Inseln der Inselgruppe Sept Îles vor der bretonischen Küste bei der Ortschaft Ploumanac'h lag, 22 Tonnen des kostbaren Metalls in Barrenform geborgen (aus dem leicht schmelzbaren Blei wurden in römischer Zeit vor allem Münzen geprägt und Küchenutensilien hergestellt). Da das Blei seitdem auf dem Meeresgrund gelegen hatte, hatte es im Lauf der Zeit seine Radioaktivität verloren. Ein Glücksfall für die Physiker vom LSM, die damit ihr Gerät verkleidet haben!

Radomir gehört der Universität Chicago an. Als ich Christophe später auf diesen internationalen Kontext anspreche, erklärt er mir, dass Experimente in der Teilchenphysik aufgrund ihrer astronomischen Kosten eine Form der internationalen Kooperation erforderten, wie sie auch bei der Internationalen Raumstation ISS praktiziert werde. In der heutigen Wissenschaft gehen die großen Forschungsprojekte Hand in Hand und ergänzen einander, und in den Laboratorien finden sich zahlreiche Beispiele für gegenseitige Hilfe, wie man sie sich in allen Bereichen der menschlichen Gesellschaft wünschen würde.

Wie der neutrinolose doppelte Betazerfall ist auch Dunkle Materie noch nie beobachtet worden. Zwar haben die Forscher im Gran-Sasso-Untergrundlabor vor 15 Jahren angeblich ein Signal gemessen, doch konnte das bisher nicht bestätigt werden. Die Arbeit geht also weiter, bessere Detektoren sind in Entwicklung, doch mehren sich die Zweifel an der Existenz der Dunklen Materie. Es ist ein Wesensmerkmal der Wissenschaft, dass sie Wissen unablässig in Frage stellt.

*
* *

Der Tag endet, ohne dass mir bewusst geworden ist, wie die Zeit vergangen ist, was wohl am fehlenden Tageslicht in dieser unterirdischen Höhle liegt. Von außen betrachtet, mutet die Welt der Wissenschaft manchmal ziemlich merkwürdig an: Es verwirrt mich noch immer, dass man bestimmten Geheimnissen des Universums 1700 Meter tief unter einem Berg besser auf die Spur kommen soll als auf seinem Gipfel, der dem Himmel doch viel näher ist.

Die Arbeit des LSM beschränkt sich nicht auf Neutrino-Forschung und die Suche nach der Dunklen Materie. Sein vor ionisierender kosmischer Strahlung schützender Bunkercharakter macht es zum idealen Ort, um die Radioaktivität von Proben zu messen, die zur chemischen Kontrolle oder zum Zweck der Altersbestimmung hierher gebracht werden.

Seit ihrer Inbetriebnahme haben die Detektoren des LSM Luft, Sand, Sedimente, Gemüse und vieles andere mehr analysiert. Dazu verwenden die Forscher die Gamma-Spektrometrie: Die von den Proben ausgesandten Gammastrahlen geben Auskunft über ihre Zusammensetzung und eröffnen, wie die Radiokarbonmethode, bei Bedarf die Möglichkeit, das Rad der Zeit zurückzudrehen und eine Chronologie der Ereignisse zu erstellen. Diese ursprüngliche Nutzung der LSM-Detektoren steht übrigens im Mittelpunkt einer denkwürdigen Episode.

Im Jahr 2000 beugten sich die Forscher des Laboratoriums über einen Wein, der als Jahrgang 1900 verkauft wurde, jedoch im Verdacht stand, viel jünger zu sein. Die Analyse des Tropfens ergab eine hohe Konzentration von Cäsium-137. Eine so starke Präsenz dieses Radionuklids konnte nur auf ein Phänomen menschlichen Ursprungs zurückzuführen sein: die oberirdischen Atomtests in den 1940er-Jahren, bei denen insbesondere Cäsium-137 überall verteilt wurde und Böden und Pflanzen kontaminierte. Somit war klar, dass der Wein aus keiner früheren Zeit stammen konnte. Man datierte ihn auf 1965, wie die Önologen übrigens vermutet hatten.

Am späten Nachmittag danke ich Christophe, meinem tadellosen Führer, und verlasse die Gemeinde Modane, wobei ich nur eines bedaure: dass ich mir nicht die Zeit genommen habe, den dortigen Windkanal zu besuchen, der auch einiges über Physik zu erzählen hat. Die riesige, von den Deutschen entwickelte Anlage haben die Franzosen am Ende des Zweiten Weltkriegs konfisziert. Heute wird an diesem geschichtsträchtigen Ort in einem 400 Meter langen und 24 Meter breiten Stahltunnel das Verhalten von Flugzeugmodellen unter besonderen atmosphärischen Bedingungen getestet. Die beiden riesigen Ventilatoren können Windgeschwindigkeiten bis zu 1200 Kilometern pro Stunde – also weit jenseits der Beaufortskala – erzeugen und beziehen ihre Energie aus zwei oberhalb der Ortschaft gelegenen Wasserkraftwerken.

* * *

Auf der Fahrt zurück ins Flachland sehe ich die Berge nach und nach in der Ferne verschwinden. Aber in meinem Herzen haben sie jetzt einen ganz besonderen Platz. Für die Physiker sind sie Tempel, Leuchttürme der Erkenntnis. Nachdem ich mich ein Jahr lang bemüht habe, mit dem Wissen, das sie zu vermitteln haben, ihre Seele zu ergründen, hat sich mein Blick verändert: Die Berge sind zu Lehrmeistern geworden.

EPILOG

DAS HERZ DER WELT

»Was ist nun mit den Bergen?«, fragt mich meine Freundin Sunnhild. »Was haben sie dir erzählt?«

Wir haben uns diesmal in München getroffen, wo sie wohnt, und spazieren mitten im Winter an der Isar entlang.

»Sie sind etwas ganz Besonderes, nicht wahr?«, fügt sie hinzu, als ich stumm bleibe, weil ich nicht weiß, wo ich anfangen soll.

»Ja, auf jeden Fall«, antworte ich schließlich. »Dadurch, dass ich sie aus der Sicht der Physik und der Wissenschaft betrachtet habe, hat sich mein Blick auf sie doch ziemlich verändert. Ehrlich gesagt, haben sie mich verwirrt.«

»Was mich da oben am meisten beeindruckt«, fährt Sunnhild fort, »das sind die außergewöhnlichen Tiere und Pflanzen, die dort leben. Die Zwerggewächse, die sich an Felsen schmiegen, um die Sonnenwärme besser zu nutzen, und die robusten alpinen Arten, die mit Tau und Nebel auskommen. Die Tiere haben eine größere Lunge und einen kräftigeren Herzmuskel, und sie verfügen über einen schärferen Gleichgewichtssinn und Gliedmaßen, die an die Fortbewegung in abschüssigem Gelände angepasst sind. Und manche haben ein dichtes Fell, das im Winter zwecks besserer Tarnung die Farbe wechselt … Fabelhaft!«

Ich stimme zu. Die Berghänge, die Höhenunterschiede, die zahlreichen äußeren Einflussfaktoren und die Vielzahl der Materialien bringen im Gebirge eine ungewöhnliche Vielfalt an Mikroklimas und Lebensformen hervor, die den besonderen physikalischen Gesetzen in der Höhe entsprechen: Sie trotzen der Schwerkraft in sehr steilem Gelände, überleben große Temperaturunterschiede, kompensieren den durch den geringeren Luftdruck bedingten Sauerstoffmangel. Die Anpassung der Lebewesen an die extremen Bedingungen, die da oben herrschen, verdient Respekt.

Wir sind ans Ufer der Isar getreten. Die Füße im Schnee, ziehe ich die Handschuhe aus, tauche die warmen Hände ins klare Wasser und lasse es zwischen den Fingern hindurchströmen. Neben mir im kalten

Nass schlingen sich Baumwurzeln ineinander. Etwas weiter bemerke ich Wirbel im Wasser, die durch Kiesinseln verursacht werden. Die Isar ist in München nicht tief und besitzt zahlreiche Schotterbänke mit diesen hellen Steinen, die aus dem Gebirge hierher transportiert wurden. Sie sind durch Erosion von Gesteinen in den nahen Alpen entstanden, aus unterseeischen Sedimenten, die noch älter sind. Während ich sie betrachte, muss ich an die ersten Worte denken, die mir Hannes Vogelmann geschrieben hat, und wie ihn der Transport der Steine fasziniert.

»Wir in München sind froh, dass wir diesen Fluss haben«, bemerkt Sunnhild. »Er kommt direkt aus den Bergen und bringt uns sauberes Gebirgswasser.«

Ich nicke versonnen und betrachte weiter diesen Fluss, der von den Bergen erzählt. Nach allem, was ich in letzter Zeit über sie und die wichtige Rolle gelernt habe, die sie auf unsere Erde spielen, beschäftigt mich eine Frage: Wäre das Leben auf den Kontinenten ohne sie überhaupt möglich gewesen?

Die Berge trocknen die Winde und verursachen Regen. Sie bedecken ihre Gipfel mit ewigem Eis und Schnee und werden so zu großen Süßwasserspeichern, die alle Flüsse der Welt speisen. Außerdem tragen ihre Flüsse und Bäche die Früchte der Erosion zu Tal – darunter Sedimente, die von den Gebirgen emporgehoben wurden, und Mineralien aus dem Innern der Erde – und düngen das Flachland. Die Berge haben also maßgeblichen Einfluss auf das Klima und die Böden. Ohne sie, so sage ich mir, wäre die Oberfläche der Kontinente nur eine unfruchtbare Wüste und die Atmosphäre von Stürmen durchtobt.

So ist es kein Wunder, dass Berge zu allen Zeiten verehrt wurden und traditionell die Heimstatt zahlreicher Gottheiten waren wie etwa der Olymp für die griechischen Götter. Viele von ihnen sind heilig – wie der Berg Sinai für die Juden oder der Fujiyama in Japan. Man errichtet Tempel auf ihren Gipfeln, und Eremiten suchen dort Zuflucht. Gipfelschiffe wie das Schneefernerhaus oder die Forschungsstation Jungfraujoch haben fraglos etwas von einem Heiligtum: Die Berge sind auch für die Wissenschaft ein heiliger Ort.

Als Verbindung zwischen Himmel und Erde, zwischen der Welt unten und der Welt oben, sind sie das Sinnbild eines spirituellen Universums. Da sie durch ihre Unzugänglichkeit und die merkwürdigen Phänomene, die sich dort ereignen, lange Zeit als furchteinflößend wahrgenommen wurden, verwundert es nicht, dass sie heute zu einem Ort geworden sind, an dem man über sich hinauswachsen kann. Eine Bergbesteigung wird nicht selten mit einer schwierigen inneren Entwicklung seelischer oder geistiger Art verglichen. Und damit nicht genug, all die Herausforderungen einer Besteigung zu meistern und sich als Adler oder Steinbock zu fühlen, indem man sich den Lebensbedingungen dieser außergewöhnlichen Tiere nähert, suchen manche dort sogar die Erleuchtung, die ihnen helfen soll, eine höhere Existenzebene zu erreichen. Die Besteigung eines Bergs wird zu einer initiierenden und reinigenden Prüfung.

Der Bericht über die Besteigung des Mont Ventoux durch den italienischen Dichter Petrarca im 14. Jahrhundert veranschaulicht diese Haltung und hinterfragt sie zugleich. Der Wille des Poeten ist so stark, dass er ihn nach großen Mühen trotz Erschöpfung und Schmerzen bis zum Gipfel führt. »Wohl aber liegt das Leben«, denkt er zunächst, »das wir das selige nennen, auf hohem Gipfel, und ein schmaler Pfad, so sagt man, führt zu ihm empor.« Dort, entkräftet und verzaubert zugleich, entdeckt er die Höhenlandschaft und das Schauspiel der Welt. Dann schlägt er wahllos eine Seite in den *Bekenntnissen* des Augustinus auf, die er stets bei sich trägt, und liest: »Und es gehen die Menschen zu bestaunen die Gipfel der Berge und die ungeheuren Fluten des Meeres und die weit dahinfließenden Ströme und den Saum des Ozeans und die Kreisbahnen der Gestirne, und haben nicht acht ihrer selbst.« Petrarca begreift, dass seine Besteigung nicht einfach die eines Berges ist, sondern ein spiritueller Aufstieg.

DANK

Dieses Buch ist vor allem die Frucht von Begegnungen. Es wäre nie zustande gekommen ohne all die Wissenschaftler und Geschichtenerzähler, die mich freundlicherweise an ihrem Wissen haben teilhaben lassen, damit ich es im Rahmen dieser Erzählung weitergeben kann. So danke ich ganz besonders Hannes Vogelmann sowie Till Rehm und Riccardo Scandroglio, die ich in der Umweltforschungsstation Schneefernerhaus getroffen habe; Mathieu Boullant, Didier Poncet, Violette Netzer und Sophie Morin, die mir von der Landschaft der Gâtine erzählt haben; Rolf Bütikofer, aber auch Erich Furrer von der Forschungsstation Jungfraujoch; Carole Reboul und Hervé Roche aus den Cevennen; Christophe Vescovi und Radomir Smida vom Untergrundlabor Modane; nicht zu vergessen Samuel Cook vom Institut für Umweltgeowissenschaften in Grenoble und Ulrich Goerlach von der Louis-Pasteur-Universität in Straßburg.

Ich danke auch den vielen Freunden, die mir mit ein paar Worten, ein paar Tipps oder einem kleinen Schubs den Weg in die Berge gewiesen haben: darunter François-Jean Rousselot und Madeleine Liaras, Achim Vierheilig, Eugenio Ham, Sunnhild Kessler, Raul Castro de Lera und Nelly Landreau.

Nochmals vielen Dank an meine ganze Familie für ihre Unterstützung, während ich dieses Buch geschrieben habe.

Ein großes Dankeschön schließlich an meinen Lektor Christian Counillon für unsere anregenden Gespräche, seine Hilfsbereitschaft und seine fachkundigen Ratschläge während der Abfassung dieses Buches; an Johanna Meneau für die reibungslose administrative Abwicklung, an Xavier Müller, Top-Designer von Wörtern und Seiten, sowie an Laëtitia Loreau für ihre großartigen Illustrationen.

ILLUSTRATIONSVERZEICHNIS

BIBLIOGRAFIE

Nicht alle wissenschaftlichen Erkenntnisse, auf die ich in diesem Buch zu sprechen komme, habe ich direkt von den Wissenschaftlern, die ich getroffen habe. Ich habe auch diverse Publikationen zu Rate gezogen und für alle, die ihre Entdeckungsreise fortsetzen wollen, unten aufgelistet.

Da ich sie aber unmöglich alle hier aufführen kann, verweise ich auf meine Internetseite. Dort finden Sie zusätzliche Informationen zu diesem Buch (und den darin vorgestellten Orten und Experimenten) wie auch zu meiner Arbeit im Allgemeinen: www.blandinepluchet.com

KOBAYASHI, Issa, *Haïku,* Éditions Verdier, 1992.

TEIL 1 – HÖHENFORSCHUNG

BAILLAY, Sean, »La fonte des glaciers accélère«, in: *Pour la Science,* Nr. 525, 2021, S. 8.

BARRETT, Eric C., GRANT, Colin K., *The identification of Cloud Types in LANDSAT MSS Images,* NASA, 1976.

BRIGGS, Helen, »50 years on: the keeling curve legacy«, *BBC News,* 2007.

CORFIDI, Stefen F., CORFIDI, Sarah J. und SCHULTZ, David M., »Elevated convection and castellanus: ambiguities, significance, and questions«, in: *Weather and Forecasting,* Bd. 23, Nr. 4, April 2008.

DE SAUSSURE, Horace Bénédict, *Essais sur l'hygrométrie,* Samuel Fauche, 1783.

FRANCIS, Jennifer, »L'ère des tempêtes de vapeur«, in: *Pour la Science,* Nr. 532, 2022, S. 36–43.

GHYS, Étienne, *La Petite Histoire des flocons de neige,* Odile Jacob, 2021.

GOERLACH, Ulrich, »Physique pour tous«, Vortrag an der ULP Straßburg, 2020.

HÄCKEL, Hans, *Wolken und andere Phänomene am Himmel*, Ulmer, 2013.

IMMERZEEL, Walter, »Les châteaux d'eau de la planète sous pression«, in: *Pour la Science*, Nr. 521, 2021, S. 24–33.

International Cloud Atlas: Manual on the Observation of Clouds and Other Meteors, Weltorganisation für Meteorologie, 2017.

KLEIN, Étienne, *Psychisme ascensionnel*, Arthaud 2020.

LOUMAGNE, Boris, »CO_2 et virus oubliés: le permafrost est une boîte de Pandore«, in: *France Culture*, 2018.

MANGIN, Loïc, »Coup de chaud d'ici à 2100«, in: *Pour la Science*, März 2021.

NEWTON, Isaac, *Optik oder Abhandlung über Spiegelungen, Brechungen, Beugungen und Farben des Lichts*, Hansebooks, 2017 (Nachdruck der Ausgabe von 1898, Herausgegeben von William Abendroth).

PASCAL, Blaise, *Œuvres complètes*, Bd. 1., Gallimard, 1998 *(Bibliotheque de la Pléiade)*.

PERRIN, Sarah, »La mécanique subtile de l'avalanche se dévoile en 3D«, https://actu.epfl.ch/news/la-mecanique-subtile-de-l-avalanche-se-devolie-en-/, 2018.

ROTH, Günter D., *Die BLV Wetterkunde*, BLV Buchverlag, 2018.

TOLLEFSON, Jeff, »Le changement climatique frappe la planète plus rapidement que prévu«, in: *Pour la Science*, März 2022.

TREFIL, James, *Physik in der Berghütte*, aus dem Englischen von Helmut Mennicken, bearbeitet von Karsten Krause, Rowohlt, 1995.

VOGELMANN, Hannes, »Wasserdampf und Klima«, Vortrag, 2021. www.schneefernerhaus.de

TEIL 2 – DIE UNSICHTBAREN BERGE

AMEISEN, Jean-Claude, »La tectonique des plaques«, in: *Sur les épaules de Darwin,* France Inter, 2015.

BONNEWITZ, Ronald, *Roches et Minéraux du monde,* Delachaux et Niestlé, 2005.

BOULLANT, Mathieu, »Caractérisation des exigences édaphiques de *Gagea Bohemica* (Zauschner) *Schultes et Schultes fil.* dans les vallées de la marge sud-orientale du Massif armoricain (Deux-Sèvres)«, in: *Le Monde des plantes,* Nr. 509, 2012, S. 24–32.

CADOT, Pierre, *La montagne des cristalliers,* Yucca films, 2018.

CHEISSOUX, Denis, »Dans le nombril du monde, en compagnie du conteur Yannick Jaulin«, in: *CO2 mon amour,* France Inter, 2019.

COLTICE, Nicolas, »Les dessous de la tectonique des plaques«, in: *Pour la Science,* Nr. 532, 2022, S. 20–29.

D'HUY, Julien, »La généalogie des mythes« in: *Pour la Science,* Nr. 442, 2014.

»Des sites pour les déchets nucléaires. Prospection dans les Deux-Sèvres«, in: *Le Monde,* 22. Februar 1987.

FISCHESSER, Bernard, *La Vie de la montagne,* Delachaux et Niestlé, 2018.

GIULIANI, Gaston, GROAT, Lee, »La géologie des gemmes«, in: *Pour la Science,* Nr. 418, 2010.

HAZEN, Robert, »L'évolution des minéraux«, in: *Pour la Science,* Nr. 392, 2010.

KLEIN, Étienne, »Qu'est-ce qu'un minéral?«, in: *La conversation scientifique,* France Culture, 2016.

LE BRAZ, Anatole, La légende de la mort chez les Bretons armoricains, Tohu-Bohu éditions, 2018.

LE LAY, Colette, »Du côté des lettres: Benjamin Baillaud et les femmes astronomes (1922)«, in: *Images des mathématiques,* CNRS, 2019.

MATÍAS RODRÍGUEZ, Roberto, »El agua en la ingeniería de la explotación minera de Las Médulas (Léon-Espana)«, in: *Fundación Cultura Minera,* Lancia, 7 (2008), S. 17–112.
MATTAUER, Maurice, MATTE, Philippe, »La chaîne hercynienne reconstituée«, in: *Pour la Science,* Nr. 311, September 2003.
MICHEL, François, *Roches et Paysages,* Belin, 2005.
NAZÉ, Yaël, *L'Astronomie au féminin,* Vuibert, 2006.
O'CONNELL, Suzanne, »How Marie Tharp pioneered mapping the bottom of the ocean«, in: *The Maritime Executive,* 2020.
PARK, Cornelia, SCHMINCKE, Hans-Ulrich, »Apocalypse dans la vallée du Rhin«, in: *Pour la Science,* Nr. 387, 2010.
PONCET, Didier, *Chroniques en sous-sol. Guide du patrimoine géologique du Poitou-Charentes,* Poitiers, CREN Poitou-Charentes, 2002.
PONCET, Didier, »Des géotopes remarquables dans le Sud-Est du Massif armoricain: les chaos de blocs de Gâtine poitevine (Deux-Sèvres, Poitou)«, in: *Bulletin de la Société géologique et minéralogique de Bretagne,* 2011, Nr. 8, S. 57–80.

SERMONDADAZ, Sarah, »Comme la Terre, Europe subirait les effets de la tectonique des plaques«, in: *Sciences et Avenir,* 2017.
SUZUKI, David, *Everything under the Sun. Toward a Brighter Future on a Small Blue Planet,* Greystone Books, 2012.
VIDARD, Mathieu, »Les pierres précieuses«, in: *La Terre au carré,* France Inter, 2020.
VIDARD, Mathieu, »Naissance d'un océan en Afrique de l'est«, in: *La Terre au carré,* France Inter, 2020.

TEIL 3 – AN DEN TOREN ZUM KOSMOS

AUGER, Pierre, EHRENFEST, Paul, »Clichés de rayons cosmiques obtenus au Laboratoire International du Jungfraujoch (3450 m)«, in: *Journal de Physique et Le Radium,* 1936, 7 (2), S. 65-66.

BAILLY, Sean, »La formation des aérosols à la loupe de Cloud«, in: *Pour la Science,* 2016.

BARRAU, Aurélien, *De la vérité dans les sciences,* Dunod, 2016.

CHALLÉAT, Samuel, *Sauver La Nuit,* Premier Parallèle, 2019.

COPPENS, Yves, REEVES, Hubert, DE ROSNAY, Joël, SIMONNET, Dominique, *La plus belle histoire du monde. Les secrets de nos origines,* Seuil, 2004 (1. Aufl. 1996).

DOLLFUS, Audouin, *Les Autres Mondes,* Belin, 2008 (*Bibliothèque scientifique*).

DUFOUR, Audrey, »Á Hawaï, le télescope face à la montagne sacrée«, in: *La Croix,* Mai 2015.

FLÜCKIGER, Erwin, »Top Science at the top of Europe«, High Altitude Research Stations Jungfraujoch and Gornergrat (Activity Report of 2006), 2006.

FREISTETTER, Florian, *Eine Geschichte des Universums in 100 Sternen,* Hanser, 2019.

GAGNON, Pauline, »L'insaisissable matière noire«, in: *Pour la Science,* Nr. 114, 2022.

HANSSEN, Maxime, »Dans les entrailles de la grande soufflerie de Modane«, in: *La Tribune Auvergne-Rhône-Alpes,* 2014.

KLEIN, Étienne, *En cherchant Majorana. Le physicien absolu,* Folio, 2015.

LE BIHAN, Anne-Catherine, PLUCHET, Blandine, *Rayons cosmiques d'ultra-haute énergie et l'expérience Auger,* Diplomarbeit, ULP Straßburg, 2000.

L'HOUR, Michel, »Un site sous-marin sur la côté de l'Armorique.

L'épave antique de Ploumanac'h«, in: *Revue archéologique de l'ouest,* Bd. 4., 1987. S. 113–131.
LIMOLI, Charles, »Nos neurones n'iront pas dans l'espace«, in: *Cerveau & Psycho,* Nr. 96, 2018. S. 14–20.
NAZÉ, Yaël, *Astronomies du passé,* Belin, 2018.
O'CALLAGHAN, Jonathan, »La menace des éruptions solaires géantes«, in: *Pour la Science,* Nr. 533, 2022.
REBOUL, Carole, *Il était une fois la nuit,* La Salamandre, 2021.
REEVES, Hubert, *Les Secrets de l'Univers,* Robert Laffont, 2016.
TRINH XUAN, Thuan, *Vertiges du cosmos,* Flammarion, 2019.

EPILOG

OMÉLIANENKO, Irène, »La quête des Indiens kogis: maintenir l'équilibre avec ›les liens du vivant‹«, in: *Sur les docks,* France Culture, 2018.
Petrarca, Francesco, *Die Besteigung des Mont Ventoux,* aus dem Lateinischen von Kurt Steinmann, Reclam, 1995.

BLANDINE PLUCHET ist eine französische Physikerin und Autorin. Nach dem Studium beschloss sie, ihre beiden Leidenschaften – die Wissenschaft und das Schreiben – miteinander zu verbinden. Seitdem verfasst sie populärwissenschaftliche Bücher über physikalisch-naturwissenschaftliche Phänomene für ein breites Publikum.

REINER PFLEIDERER studierte Germanistik und Romanistik und ist seit 1987 als Übersetzer aus dem Französischen und Englischen tätig. Neben Belletristik hat er sich mit seinen Übersetzungen auf Politik und Zeitgeschichte spezialisiert. Unter anderem hat er Werke von Michel Chabon und Tom Clancy sowie Simon Winchester, Martin Michaud und Nicolas Vanier ins Deutsche übertragen.